JN256930

搭載!!人工知能

木村 睦 著
Mutsumi Kimura

電気書院

搭載!! 人工知能 ～まえがき～

人工知能は、究極のそして最後のエレクトロニクスとなるかもしれません。これ以上のものを思いつかないからです。科学技術の進歩はいつもSF映画・漫画・小説に出てきたものを追いかけて実現してきましたが、これらのなかでも人工知能よりも先をゆくものは少ないと思います。それゆえ、人工知能は、人類にとって、科学技術の研究開発の集大成となるかもしれません。

現在（2010年代）は、第3次の人工知能のブームが訪れています。コンピュータパワーの進歩とインターネットの普及により、実際にさまざまな分野で利用され始めています。第1次や第2次のブームと違うのは、既に社会に欠かせない存在となりつつあることです。今後も下火になることなく、ますます世の中に広がってゆくことでしょう。

人工知能について書かれた書籍には、現代知識の特集号的なものや、いわゆる誰でもわかる系の本と、大学の教科書のような専門書があります。本書は、難度でいえば、誰でもわかる系と専門書のあいだくらいに位置するものです。最近は、現代知識の特集号的なものがたくさん出版されていますが、記事ごとに違う著者であったり、記者のインタビューだったりします。これに対して本書では、1人の著者が書いていますので、論旨や用語が一貫していて、また、インタビューのような散文調ではないあくまで論理の筋道だった文章で書いていますので、系統的でわかりやすく書けていると思います。

本書をはじめから丁寧に読んでいただければ、（少しばかりの算数の知識とプログラミングの経験は必要ですが）簡単な人工知能あるいはニューラルネットワーク、より具体的には初歩的なディープラーニングのプログラムは、自分でも作ることができるようになります。そのために、アルゴリズムの詳細な説明や、実際の具体例などには、比較的多くの紙面を割きました。それを用いれば、さまざまなアプリケーションへの応用も可能となるでしょう。ただし、人工知能はいまだ発展途中の技術であって、理論は完全には確立していないので、より本格的に最新の技術を取り入れて人工知能の研究や開発をすすめるときには、それぞれの分野や用途に特化した専門書や論文をお読みいただければと思います。そのための多数の参考文献も、脚注にリストアップさせていただいています。

本書の対象とする読者は、まずは、理工系の学生さんや社会人のみなさんです。若干の理工系の知識があれば、本書の内容はわかりやすく入ってゆくことでしょう。そして、人工知能と近しい研究分野の学生さんや企業の研究者です。文字認識や画像認識の簡単なプログラム、FPGAなどを用いたニューラルネットワークLSIの作製なども、それほど抵抗なくできるようになると思います。さらに、理工系に限らず一般の社会人のかたです。これからのビジネスは多くの分野で人工知能が切っても切り離すことのできない存在になってゆくはずです。そういったビジネスのミーティングの場面で、一定の人工知能に対する知識があることは、議論をかみ合わせる、また、議論を有利に進めるために、きわめて有用なことでしょう。

本書の前半は、人工知能・ニューラルネットワーク・ディープラーニングについて詳しくかつ具体例もふんだんに盛り込んで書かれておりますので、前述のとおり、丁寧に読んでいただければ、プログラムを自分でも作ることができるようになります。後半は、最近の人工知能に関するトピックスをやはり詳しく書いています。その中身についても、できる限り詳細に説明しています。

実は私は人工知能の研究をはじめてまだ10年余りの新参者です。そのような者でさえ本を書かせてもらえるくらい、人工知能に対する要求は大きいということでしょうか。また、新たにこの研究分野に入ったという、新しい視点からの考察も意味があると思っております。永年この分野に携わったかたには当然と思われることも、新参者には疑問に思えることが多くあり、それらを詳しく説明しています。

本書の内容が読者のみなさまのお役にたつのであれば、それは、これまで人工知能の研究者のみなさまが多岐にわたる研究開発をされるとともに、その成果を論文・学会・書物のかたちで発信されてきたおかげであり、逆に本書の内容に不足や間違いがあれば、それはすべて小職の能力のなさに起因するものです。なおそのときはぜひ叱咤いただければ、これほどうれしいことはありません。

本書の執筆に関しては、この有意義な機会のキッカケを与えていただいた奈良先端科学技術大学院大学の浦岡行治教授、コンピュータアーキテクチャに関する知識をご教授いただいた同じく科学技術大学院大学の中島康彦教授、原稿の内容について龍谷大学の植村渉先生と小野景子先生、原稿の執筆について電気書院の近藤知之氏に感謝いたします。

本書が読者のみなさまの知的好奇心を満足させるとともに、何かの問題に直面していたらその解決の糸口を与えることと、それを通じて人工知能の研究開発がさらに加速することを念じて、まえがきとさせていただきたいと思います。

2016年 4月

木村　睦

目　次

搭載!! 人工知能

1章 人工知能とは

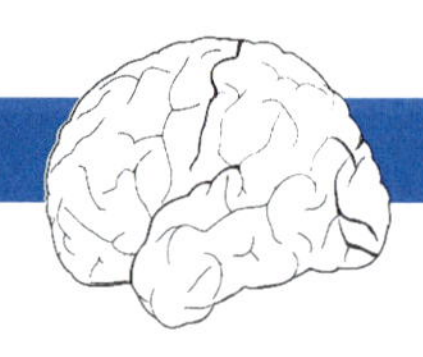

1-1 人工知能とは

「人工知能（Artificial Intelligence, AI）」とは、文字どおり、人工的につくられた知能のことです。ほかの最先端技術、たとえば、量子コンピュータ・3Dプリンタ・拡張現実感・IoT（物のインターネット）・iPS細胞のようなものと比べても、かなりイメージのつかみやすい科学技術だと思います。たいていはエレクトロニクスあるいはコンピュータで実現されるものを指しますが、もしバイオテクノロジーで生体材料で組み立てられたものがあったら、それが人工的なものならば、やはり人工知能と呼ばれるでしょう。これを分子機械と呼ぶなら、いずれにせよ、機械で実現される知能と、定義することができるかもしれません。ただし、本書では、エレクトロニクスやコンピュータの、ソフトウェアやハードウェアで実現される人工知能、すなわち世の中の99％以上を占める人工知能について説明します。

人工知能の具体的なイメージといえば、SF映画・漫画・小説にでてくるアンドロイドや、ホログラムか何かで人間と会話するあらゆる知識をもつ超大型のコンピュータ、などを思い浮かべるかたもいるかと思います。もちろんこれらも究極の人工知能ですが、人工知能はそれに限らずたいへん幅広い科学技術です。それはなぜなら、「知能」と呼べるものが幅広いからです。人間の知能をここで考えつくだけ挙げてみても、「見る」、「聞く」、「考える」、「話す」、「ふるまう」…、などあり、たとえば「見る」と「考える」の両方に関連して、文字を読んだり、人の顔を認識したり、さらに、「見る」と「聞く」と「考える」と「ふるまう」に関連して、自動車の運転があったり…、とさまざまな知能があります。逆に人間以外の動物にさかのぼっても、鳥が飛ぶ能力や、コウモリが超音波から外界の状況を構成する能力や、蚊が二酸化炭素センサで対象を見つけ羽で飛んでゆく能力、など、枚挙にいとまがありません。

人工知能の研究開発のアプローチには、2とおりあります。第1のアプローチは、生体の脳や神経の構造を真似るアプローチです。バイオテクノロジーで生体材料で真似ることももちろん含まれますが、ソフトウェアやハードウェアで実質的に同じ構造をもたせることも含まれます、といいますか、それが主流でほとんどです。このアプローチでは、人工知能の開発を目標とするだけではなく、脳や神経のしくみの解明を目標とするところもあります。第2のアプローチは、構造にはとらわれずに、知能の機能を実現するアプローチです。しばしば、鳥と飛行機のアプローチにたとえられます。これはかなり的を得ていると考えられまして、高速で大量に飛行するなら飛行機で、外界に対応しながらフレキシブルに飛ぶなら鳥のほうが優れているでしょう。おそらく人工知能にも同じことがいえるはずで、特定の仕事を高速で大量に処理するなら、上記の人工知能の第2のアプローチが適していると思われますし、あらゆることに汎用に対応できることを目的とするなら、第1のアプローチがかなりよい線をいくと思われます。なぜなら、40億年を超える生命の進化において、さまざまな環境の変化のなかで、自然淘汰を勝ち残ってきた実績があるのが、生体の脳や神経の構造であるからです。

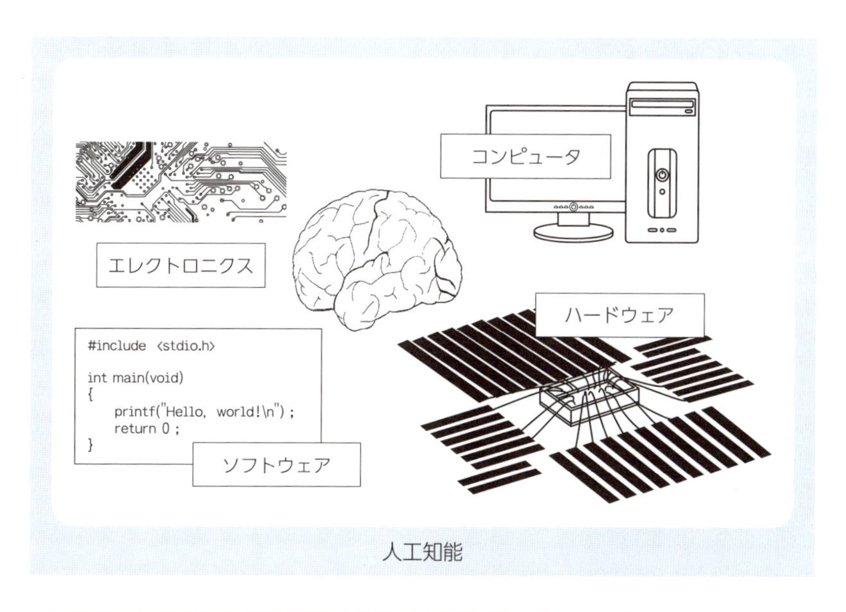

人工知能

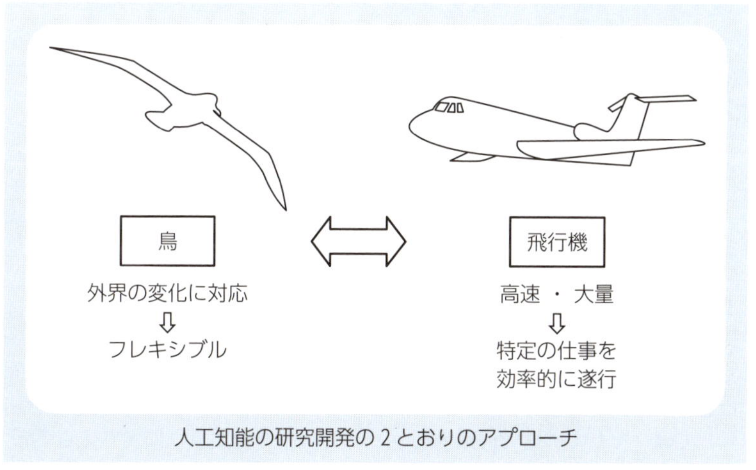

人工知能の研究開発の2とおりのアプローチ

1-2　人工知能の歴史
―始まりと第1次ブーム―

人工知能という言葉がはじめて使われたのは、1956年に、ジョン・マッカーシー（John McCarthy）、マービン・ミンスキー（Marvin Minsky）、ネイサン・ロチェスター（Nathan Rochester）、クロード・シャノン（Claude Shannon）らが中心となって開催した人工知能に関する研究会、いわゆるダートマス会議（Dartmouth Conference）です。この歴史的な会議では、長時間にわたって、人工知能に関する議論がなされたと言われています。もちろんこの会議より前にも人工知能に類する研究は散発的に行われてきていますが、たとえば、相対性理論の始まりがアインシュタインの特殊相対性理論の発表だとされるように、具体的で系統的な議論が始まったという意味では、ダートマス会議が今日の人工知能の研究の始まりだとしてもよいでしょう。ということは、2015年現在ではぼ60年の歴史をもつ研究分野です。トランジスタは1947年に発明され、また、液晶ディスプレイは1960年代に発明され、ともに10年以内に実用化されました。いっぽう人工知能は最近ようやくさまざまな場面で使われ始めてきており、このことからも極めて広範な分野にわたる複雑な技術であることがわかります。

1960年代には、第1次の人工知能のブームが訪れました。ほとんどの分野で黎明期にはすべての研究がオリジナルとなりえるため、研究は一気に進みます。次々と新しいことが生み出されるため、夢と希望に満ちた時代となります。たくさんの情報のなかから欲しいものを探し出す「探索」や一定のルールに従って問題を解決する「推論」に関する研究が進みました。これらの成果はたとえば乗換案内のアプリや、オセロや将棋などのゲームに活かされています。一定のルールに従っているということは、もしみなさんがシステムエンジニアやプログラマならば、いかにもプログラミングしやすいと思われるのではないでしょうか。時間さえあればなんとかなりそうな気もしてきます（これらの分野の研究者のみなさんの名誉のために書いておきますと、実際にはそう簡単ではありません）。いっぽうで、一定のルールを定めることが難しい問題に対する、人工知能の限界が指摘されてきます。

コラム

人工知能の冬と春

1957年にフランク・ローゼンブラット（Frank Rosenblatt）が、人工知能それも人間の脳を模倣したニューラルネットワークとして、「パーセプトロン（Perceptron）」を発案しました。けれども、パーセプトロンはある特定の問題に対しては、たとえば排他的論理和（XOR）のような簡単な問題さえも学習できない、ということが証明され、ニューラルネットワークの研究はいったん衰退しました。しかしながら、人間の脳は排他的論理和を学習できますから、パーセプトロンが学習できないからといって、それはモデリングが適切でなかっただけで、ニューラルネットワークそのものを否定するのは尚早すぎました。実際に最近の人工知能の発展は、かなりニューラルネットワークの研究の進展によるところが大きくなっています。当時のニューラルネットワークの否定は、人工知能の発展をかなり遅らせてしまったのではないでしょうか。

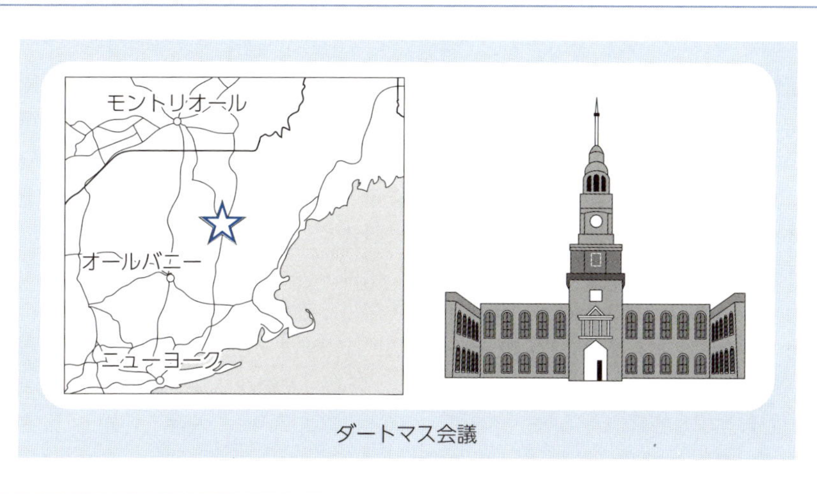

ダートマス会議

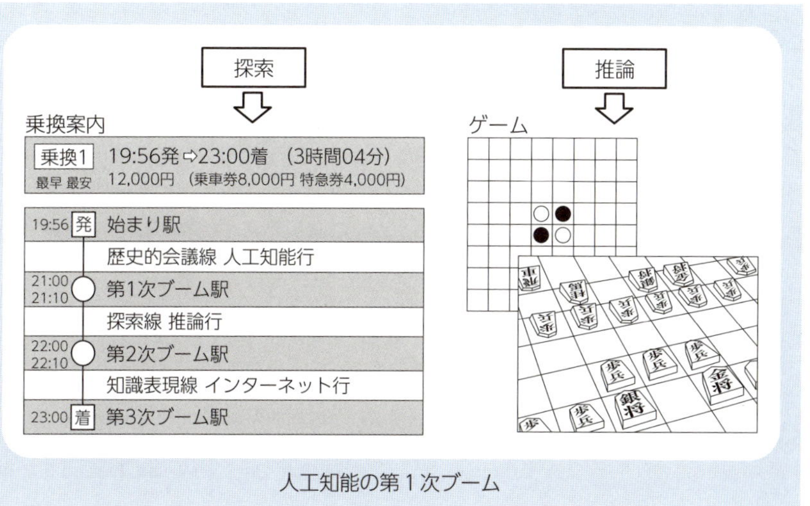

人工知能の第１次ブーム

1-3　人工知能の歴史
ー第2次ブームと第3次ブームー

1980年代には、第2次の人工知能のブームが訪れました。一定のルールが存在しない問題に対して、「知識」として蓄積すれば、その問題を判断できるのではないかというアプローチです。日本では「第5世代コンピュータ」のプロジェクトが立ち上がりました。まさに人工知能を実現しようとするプロジェクトです。とにかくたくさんの知識を蓄積すれば、そのなかから正しい解答が得られるという考えに基づいています。ひとつの応用は「エキスパートシステム」というものです。たくさんの知識を持った専門家の代わりをする人工知能です。化学分野では、エドワード・ファイゲンバウム（Edward Feigenbaum）らにより開発されたDENDRAL（Dendritic Algorithm）では、質量分析法などの実験結果から、主に有機化合物の分子構造を決定します。医療分野においては、スタンフォード大学で開発された感染症の専門医の代わりをするMYCINでは、さまざまな質問に順番に答えてゆくと、病気を特定し、診断を下してくれます。しかしながら、海外TVドラマのDr. Houseを見ていますと、患者はしばしば意図的にあるいは無意識に嘘をつくし、患者の職場の消毒用アルコールが工業用であったために有害物質が含まれていたりします。まさかそんなことまで考慮して、あらかじめ質問を用意することはできません。つまり、単にYes/Noで答えられる知識だけではなく、通常の人間がもつ一般常識のようなものを取りこまねばならないということです。このような人間のもつ知識をいかに記述するかが「知識表現」であり、記述のルールを「オントロジー」と言いますが、これを準備しておくことがほとんど不可能なほど困難だという壁にぶつかりました。また、第5世代コンピュータのプロジェクトも、必ずしも大成功したとはいえず、時期が早すぎたのではという評価もあります。ただし、現在のハードウェアやインターネットの発展にともなって広く普及してきた、後述のSiriやパン田一郎といった会話ボットの基礎は、この第2次ブームのうちに確立されたといってもいいでしょう。

現在（2010年代）は、第3次の人工知能のブームが訪れています。知識表現をあらかじめ準備しておくのではなく、人工知能が自ら学んでゆくことで、前記の問題を解決します。

ネオコグニトロン：K. Fukushima, Neocognitron: A Self-organizing Neural Network Model for a Mechanism of Pattern Recognition unaffected by Shift in Position, Biol. Cybernetics 36, pp. 193, 1980.
K. Fukushima, S. Miyake, and T. Ito, Neocognitron: A Neural Network Model for a Mechanism of Visual Pattern Recognition, IEEE Trans. SMC 13, pp. 826, 1983.
ディープラーニング：Y. LeCun, Y. Bengio, and G. E. Hinton, Deep Learning, Nature 521, pp 436, 2015.

人工知能が自ら学んでゆくことは、「機械学習」と呼ばれ、しばらく前から研究されていました。しかしながら、なかなか効率的な学習方法がみつかりませんでした。そこで現れたのが、「ディープラーニング」です。ただし、ディープラーニングも、1980年代に開発されたネオコグニトロンというニューラルネットワークで類似の手法が提案されていました。ではなぜ今ブームが来ているかというと、この手法は大量の処理を必要とするため、近年のハードウェアの急速な進歩により、それが可能となったからです。まさに、ハードとソフトは一体であることを改めて痛感します。

人工知能の第２次ブーム

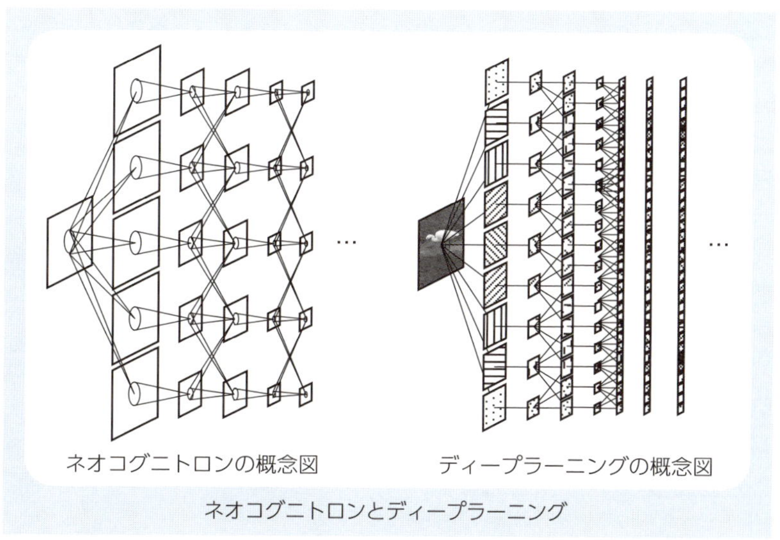

ネオコグニトロンとディープラーニング

2章 人工知能の種類

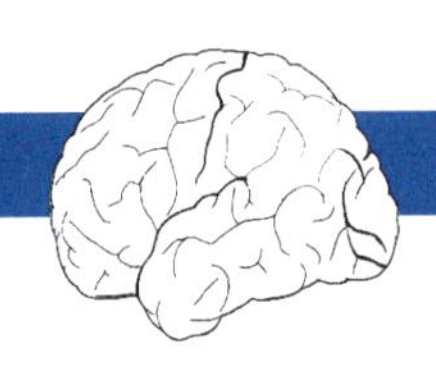

2-1 機械学習 ―教師あり学習・教師なし学習・強化学習―

人工知能が、ハードウェアにせよソフトウェアのプログラムにせよ、何かの機能を実現するための方法を、あらかじめ設計されずに、自分で学習してゆくことを、「機械学習(Machine Learning)」といいます。機械学習は、人工知能の第3次ブームの根幹をなす概念です。機械学習には、「教師あり学習（Supervised Learning)」・「教師なし学習(Unsupervised Learning)」・「強化学習（Reinforcement Learning)」があります。

教師あり学習では、入力と正解のペアが与えられます。人工知能にその入力を入れてやると、はじめは間違った解答を出すでしょうが、その人工知能のなかの何らかのパラメータを変化させることにより、人工知能が出す解答を正解に近づけてゆく方法です。後述のニューラルネットワークにおけるバックプロパゲーションが、その典型的な一例です。学校で先生に正解を教えられながらの学習のたとえですが、教師はいなくても参考書で正解を見ながらの学習は、もちろん教師あり学習ですね。

教師なし学習では、入力のみが与えられます。主にさまざまなものの分類に用いられています。後述のディープラーニングによる画像認識が、その典型的な一例です。教師あり学習であっても、その正解もひとつの入力とすることで、教師なし学習になります。たとえば、やはり後述の、生体の神経回路で用いられるヘブの学習則は、正解をひとつの入力とすることで教師なし学習とすることのできる例です。欧米では正解がひとつではない問題を学校で教えるそうですが、これは先生がいても教師なし学習（あるいは強化学習）に分類できるでしょう。

強化学習では、人工知能が出した解答に対して、何らかの評価の基準により報酬を与え、その報酬を増やしてゆくように学習してゆきます。たとえば、チェス・将棋・囲碁といったゲームにおいて、自分の選択した手に対して有利になったか不利になったかを定量的な報酬として、そのゲームの達人となってゆく人工知能などが好例です。決定した正解がないということで教師なし学習と、報酬がある意味では正解を与えることに近いということで教師あり学習と、両方の中間に位置する学習方法でしょう。

機械学習

強化学習：三上貞芳、皆川雅章、強化学習、森北出版、2000.

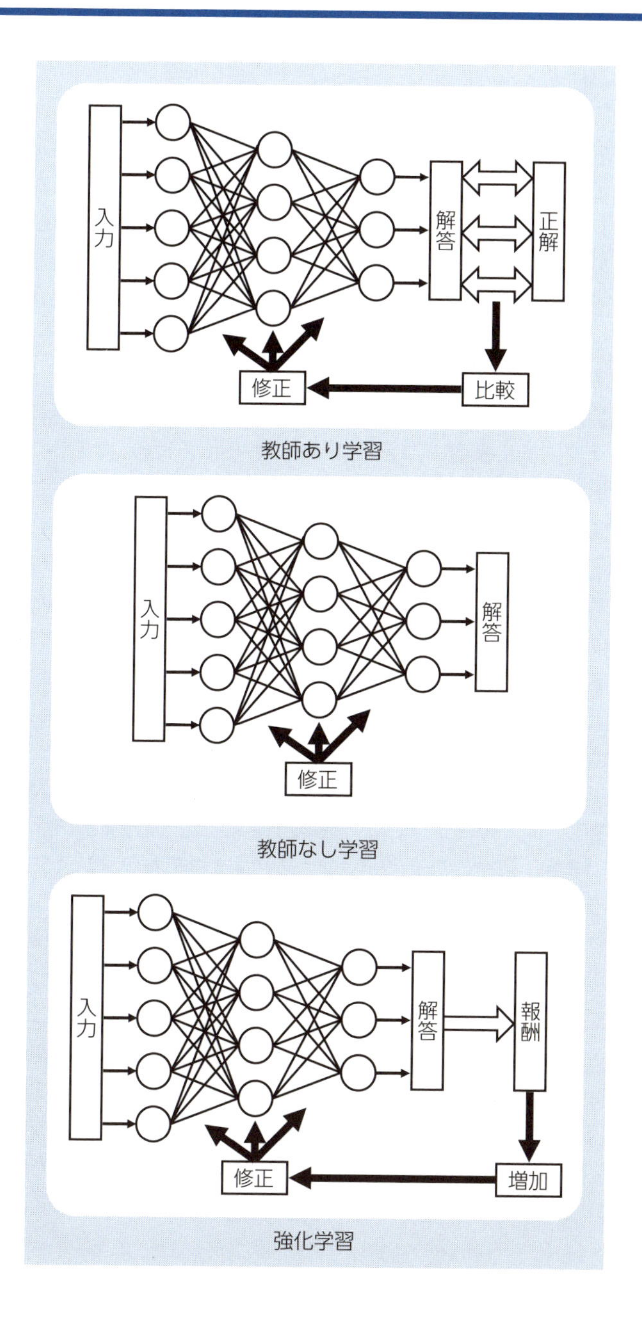
入力
解答
正解
修正
比較
教師あり学習
入力
解答
修正
教師なし学習
入力
解答
報酬
修正
増加
強化学習

2-2　ニューラルネットワーク

「ニューラルネットワーク」は、生物の神経回路のことで、特に人間の脳は言うまでもなくその最高峰となります。それをコンピュータで実現するときは、より正確には「人工ニューラルネットワーク」と言いますが、本書では主に人工ニューラルネットワークのことを説明しますので、これを単にニューラルネットワークと書きます。人工知能は人間の脳をまねようとするものですので、その構造としてニューラルネットワークを採用するのは、ごく自然でしょう。会話ボットや初期のエキスパートシステムのような単純なものや、自然言語処理のような特殊なものを除けば、最先端の人工知能の多くは、もちろんディープラーニングも含めて、ニューラルネットワークが動作の基本となっています。

人間の脳は、天文学的に多数のニューロンが、さらに多くのシナプスで接続されて、ネットワークを形成したものです。10^{11}個以上のニューロンと10^{15}個以上のシナプスがあるといわれています。自己組織化機能・自己学習能・並列分散計算・ロバスト性などの特長があります。自己組織化機能というのは、内外からの刺激により自分自身の構造を変えてゆくということで、機能的には学習になりますので、自己学習能につながります。ニューロンは細胞ですのでその動作は遅く、ミリ秒オーダーですが、きわめて多数のニューロンが並列分散計算することで、全体として許容できる処理速度を保っています。たとえば、誰かの顔をみたとき、それが誰かを判断するのに、1秒とかからないでしょう。もしこれを通常のコンピュータの顔認識のプログラムで、ただし動作クロックを1kHzにしたならば、おそろしく時間がかかります。また、健康な人でも1日あたり10^5個のニューロンが死滅し続けており、それでも全体として機能を保つことのできるという、ロバスト（丈夫）性を持っています。通常のコンピュータは普通は1つのトランジスタが故障したら少なくともそのトランジスタを使っている動作は失われます。

ニューロンは、発火（興奮）または非発火（静止）の2状態のどちらかをとります。接続されているほかのニューロンからの信号の和が、ある閾値（しきいち）を超えると、発火します。発火の信号は、軸策からシナプスを通じて、接続するほかのニューロンへ伝えられます。なお、シナプスには、接続先のニューロンを発火させようとする興奮性シナプスと、発火を抑えようとする抑制性シナプスがあり、また、さまざまな条件付きで信号を伝達するものもあります。自己組織化機能・自己学習能は、シナプスの接続強度の変化によってもたらされます。人間の脳の場合は、接続元のニューロンと接続先のニューロンの両方が発火したとき、そのシナプスの結合強度すなわち信号の伝わりやすさは強化されま

ニューラルネットワーク：合原一幸、ニューラルコンピュータ 脳と神経に学ぶ、東京電機大学出版局、1988.

す。これをヘブの学習則と呼びます。最新の医学研究によれば、新たなシナプスが形成されることもあるようです。

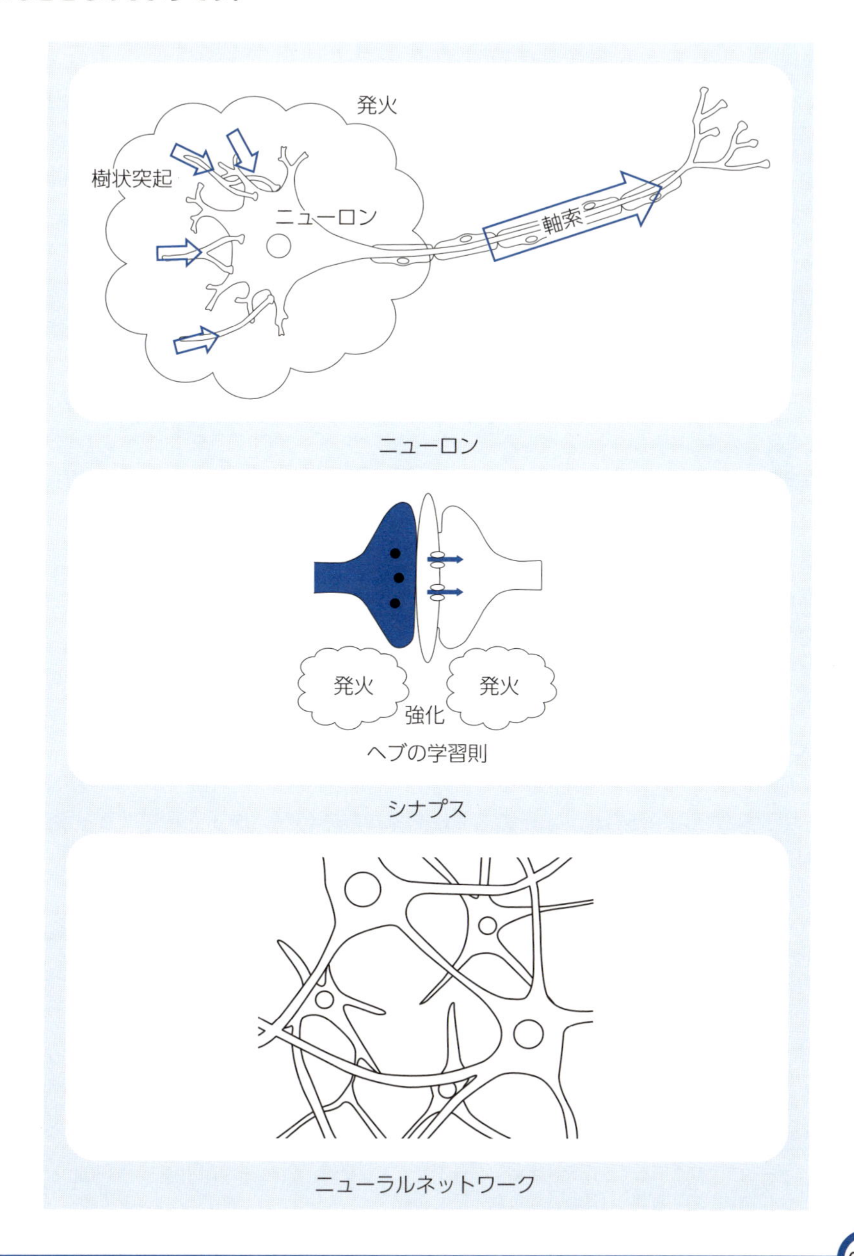

ニューロン

シナプス

ニューラルネットワーク

2-3 ニューロンとシナプスのモデル

ニューロンのモデルは、ウォーレン・マカロック（Warren McCulloch）とウォルター・ピッツ（Walter Pitts）が提案した「形式ニューロン（Formal Neuron）」が最も基本的で標準的なものです。生物の神経回路におけるニューロンの動作のうち、本質的なところを取り出しています。

ニューロンが n 本の入力を持ち、おのおのの入力の信号を $x_1, x_2, \cdots, x_n$ とし、おのおののシナプスの結合強度を $w_1, w_2, \cdots, w_n$ とすると、出力の信号 y は、次式で表されます。

$$u = \sum_{i=1}^{n} w_i x_i, \quad y = f(u - \theta)$$

u の計算は、積和計算、すなわち、積 $w_i x_i$ とその和となります。ここで、θ は閾値です。x_i は、1（発火）または 0（静止）のいずれかの値をとります。w_i は、生物の神経回路に対応付けられる興奮性シナプスならば正の、抑制性シナプスならば負の連続的な値をとり、普通に考えると絶対値が 1 以下となることが自然ですが、プログラミングをする場合に生物の神経回路を模倣する必要がなければ、必ずしも絶対値が 1 以下である必要はありません。

形式ニューロンの式において、$-\theta = w_0 x_0$ として、常に $x_0 = 1$ であることにすると、$w_0 = -\theta$ とすることで、閾値 θ もシナプスの結合強度として表すことができます。このときの形式ニューロンの式はより簡単に下記の式となります。

$$u = \sum_{i=0}^{n} w_i x_i, \quad y = f(u)$$

すなわち、$\sum$ の範囲が、$i=1$ からだったものが、$i=0$ からに変更されています。

関数 f としては、入力 u が変化するのに応じて、出力 y を 0（静止）から 1（発火）まで変化させる関数が用いられます。そのもっとも簡単なものが、次式で表される階段関数です。階段関数は、ヘビサイド関数とも呼ばれます。

$$y = f(u) = \begin{cases} 0 & u < 0 \\ 1 & u \geq 0 \end{cases}$$

これは、きわめて単純に、u が θ より大きければ発火、そうでなければ静止ということです。

形式ニューロン：W. S. McCulloch and W. H. Pitts, A Logical Calculus of the Ideas Immanent in Neural Nets, Bull. Math. Biophys. 5, pp. 115, 1943.

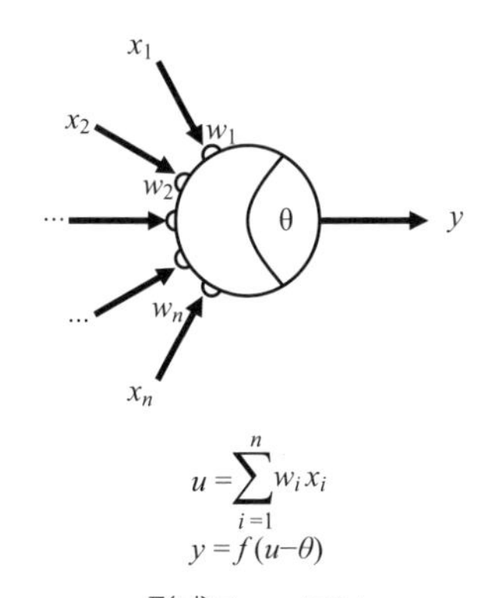

$$u=\sum_{i=1}^{n} w_i x_i$$
$$y=f(u-\theta)$$

形式ニューロン

シナプスの結合強度と入力の信号の積をとり、すなわち重み付けし、($w_i x_i$)
それらの和をとり、($u=\sum_{i=1}^{n} w_i x_i$)
閾値θとの関係に応じた y を出力する

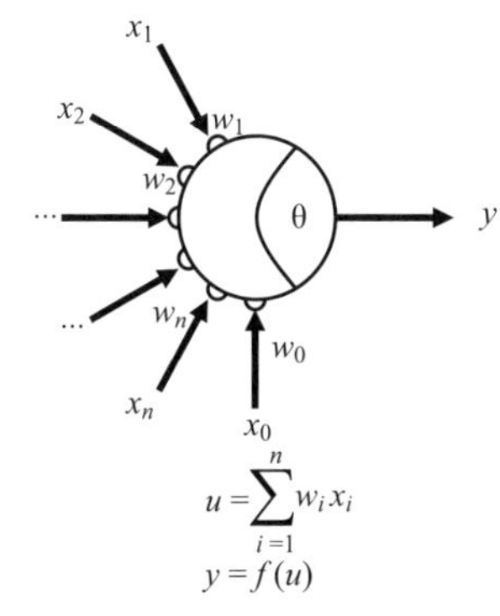

$$u=\sum_{i=1}^{n} w_i x_i$$
$$y=f(u)$$

$-\theta = w_0 x_0$ としたもの

閾値θもシナプスの結合強度
$-\theta = w_0$として表す
閾値の変化もシナプスの結合強度の変化として取り扱うことができる

形式ニューロン

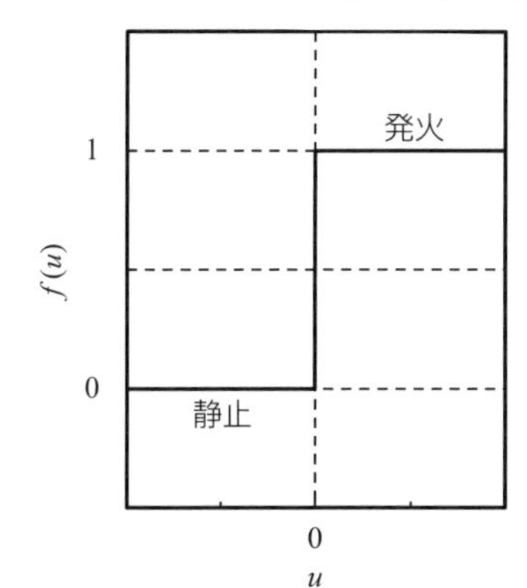

$$f(u)=\begin{cases} 0 & u<0 \\ 1 & u\geq 0 \end{cases}$$

$u=0$ のとき、$f(u)=1/2$ としたり、
定義しなかったりすることもあります

階段関数

階段関数は $x=0$ で不連続で微分不可であるため、数学的な解析が困難となるだけでなく、後述のバックプロパゲーションが不可能となり、またプログラミングをするうえでも不安定となる場合があるため、階段関数を模しながら滑らかにした、次式で表されるシグモイド関数が用いられることもあります。

$$y = f(u) = \frac{1}{1+\exp(-au)}$$

シグモイド関数のような連続関数を用いたときは、出力は厳密には $0\sim1$ の連続な値をとりますが、ある閾値を設定して、発火と静止を判断します。

また、計算上の利便性の関係で、発火を1とするのに対して、非発火を -1 としたいときもあり、そのときは、下記のハイパボリックタンジェントの関数も便利です。

$$y = f(u) = \tanh(au) = \frac{\exp(au)-\exp(-au)}{\exp(au)+\exp(-au)}$$

シグモイド関数とハイパボリックタンジェントは、静止を0から -1 にするならば、数学的には完全に相似で、シグモイド関数において、x を $2x$ に置換し、$2y-1$ を求めると、ハイパボリックタンジェントの式になります。

そのほか、線形関数や、それに飽和特性を加味したものが用いられることもあります。

$$y = f(u) = au\,,\quad y = f(u) = \begin{cases} -1 & u \le -\theta \text{ のとき} \\ au & |u| < \theta \text{ のとき} \\ +1 & u \ge +\theta \text{ のとき} \end{cases}$$

要約すると、形式ニューロンのモデルにおいて、ニューロンは、複数の入力の信号 x_i に、シナプスの結合強度 w_i の重み付けをした積を求めたうえで、すべての和をとり、それが閾値 θ を超えると発火する、ということになります。ニューラルネットワークの動作はこの積和計算が主となります。ニューラルネットワークの学習とは、シナプスの結合強度 w_i が変化すること、すなわち、シナプスの可塑性によって実現されます。$-\theta=w_0x_0$, $x_0=1$, $\theta=-w_0$ としたときは、閾値の変化もシナプスの結合強度の変化として取り扱うことができます。

形式ニューロンをたくさんつないでネットワークをつくれば、それがニューラルネットワークとなります。詳しくは、次節から説明します。

なお、生物の神経回路においては、入力や出力の信号はパルス密度で表される。すなわち周波数変調でありますが、ニューラルネットワークをソフトウェアとしてプログラミングするうえでは、そのようなことを気にする必要はありません。ハードウェアとして実現するうえでは、生物の神経回路と同じようにパルス密度で再現することもありますし、それ以外の方法で実現することもあります。信号の表現の方法が、ニューラルネットワークにとって本質的であるかどうかは、まだわかりません。

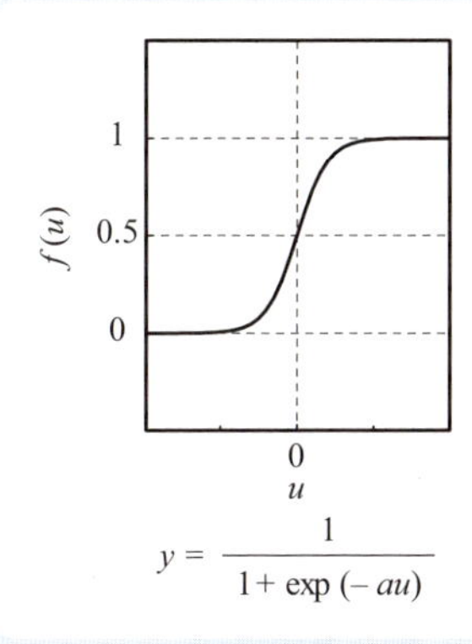

シグモイド関数

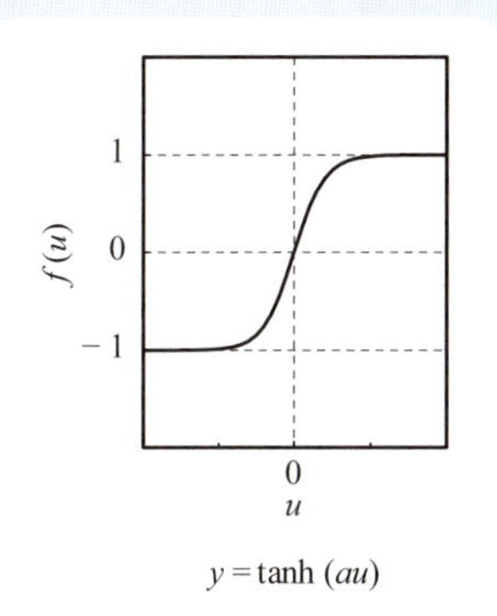

ハイパボリックタンジェント

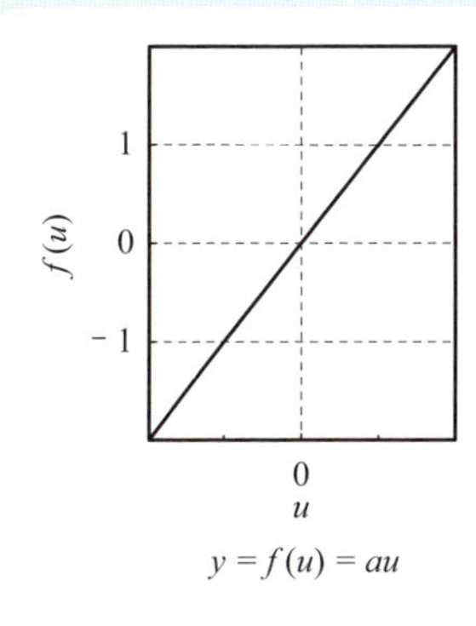

線形関数

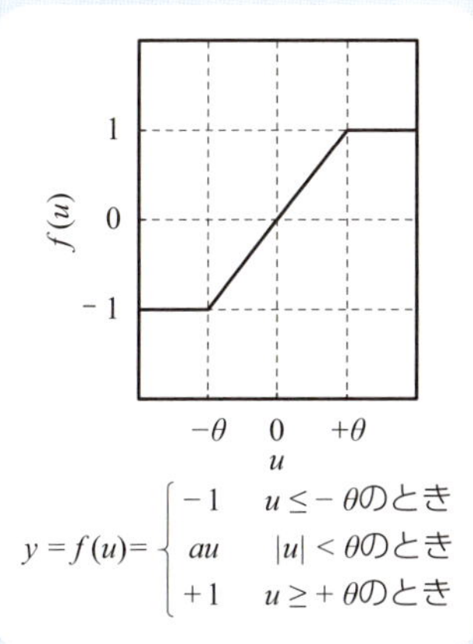

$$y = f(u) = \begin{cases} -1 & u \leq -\theta \text{のとき} \\ au & |u| < \theta \text{のとき} \\ +1 & u \geq +\theta \text{のとき} \end{cases}$$

飽和特性を加味したもの

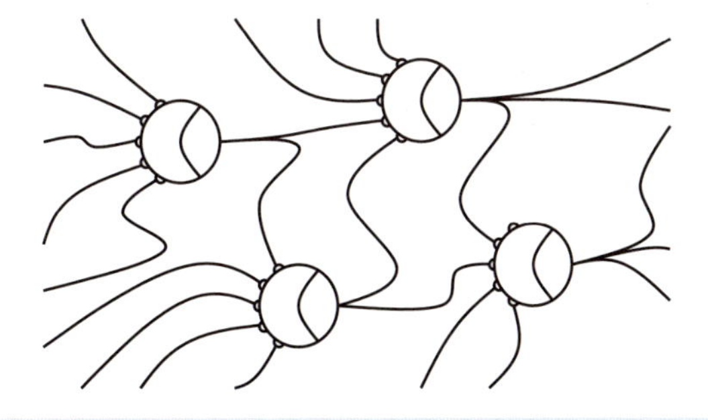

形式ニューロンによるニューラルネットワーク

2-4　パーセプトロン

「フィードフォワードネットワーク（Feedforward Neural Network）」は、信号が一方向のみに伝播し、フィードバックループのないニューラルネットワークです。「パーセプトロン（Perceptron）」は、フィードフォワードネットワークのなかでも、フランク・ローゼンブラット（Frank Rosenblatt）が発案した初代のニューラルネットワークで、入力層・中間層・出力層からなり、入力層から中間層へのシナプスの結合強度は固定で、中間層から出力層へのシナプスの結合強度のみ学習のために変化します。入力層・中間層・出力層のニューロンの個数は、設計上の重要なパラメータとなります。入力層から中間層へのシナプスの結合強度は固定といっても、一度つくったら変えないというだけで、これも設計上の重要なパラメータとなるでしょう。同じ層のなかでのシナプスの結合や、さかのぼる層へのシナプスの結合はありませんので、フィードフォワードネットワークとなり、信号を入力層から中間層を通って出力層へとたどってゆけば、すべてのニューロンの状態が決定できます。これは、論理回路における組み合わせ回路にあたります。

例として、右頁の上図のように、パーセプトロンによるAND回路を考えてみます。たとえば、$x_1=0,\ x_2=1$が入力されると、入力層の上側のニューロンには0が入力され、閾値$\theta=0.5$以下ですので、0が出力されます。入力層の下側のニューロンには1が入力され、閾値$\theta=0.5$以上ですので、1が出力されます。中間層の上側のニューロンには、$0\times0.7+1\times0.3=0.3$が入力され、閾値$\theta=0.5$以下ですので、0が出力されます。中間層の下側のニューロンには、$0\times0.3+1\times0.7=0.7$が入力され、閾値$\theta=0.5$以上ですので、1が出力されます。出力層のニューロンには、$0\times0.3+1\times0.3=0.3$が入力され、閾値$\theta=0.5$以下ですので、$y$として0が出力されます。同様に、$x_1$と$x_2$の4とおりに対する出力$y$を求めると、AND回路になっていることがわかります。

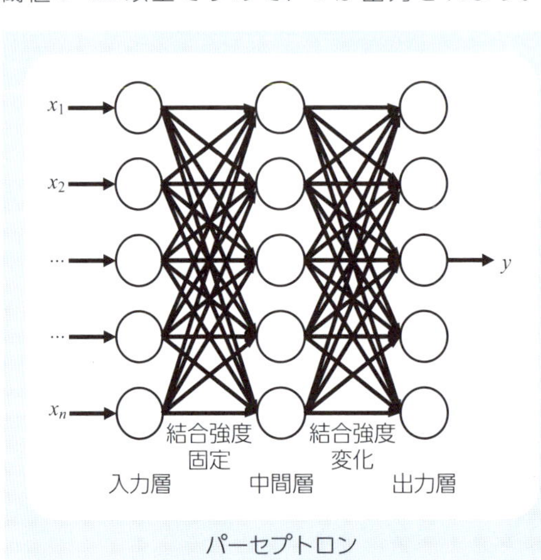

パーセプトロン

パーセプトロン：F. Rosenblatt, Principles of Neurodynamics, Spartan, 1961.

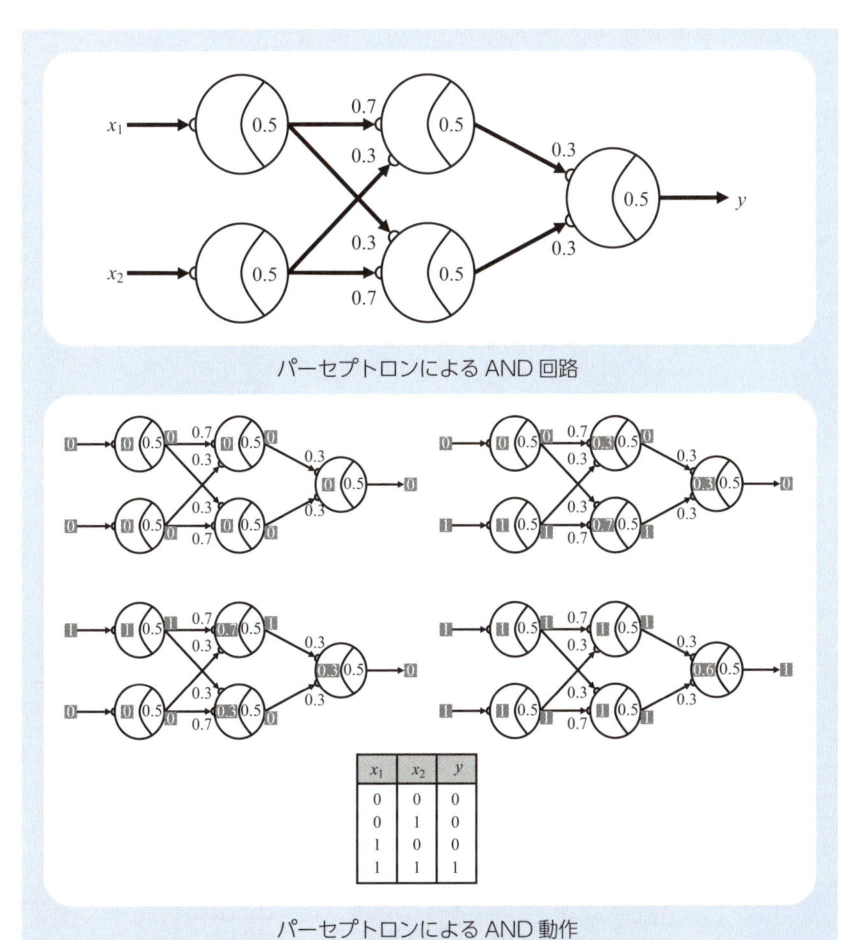

パーセプトロンによる AND 回路

x_1	x_2	y
0	0	0
0	1	0
1	0	0
1	1	1

パーセプトロンによる AND 動作

シナプスの結合強度を別のものにすると、別の論理回路ができます。

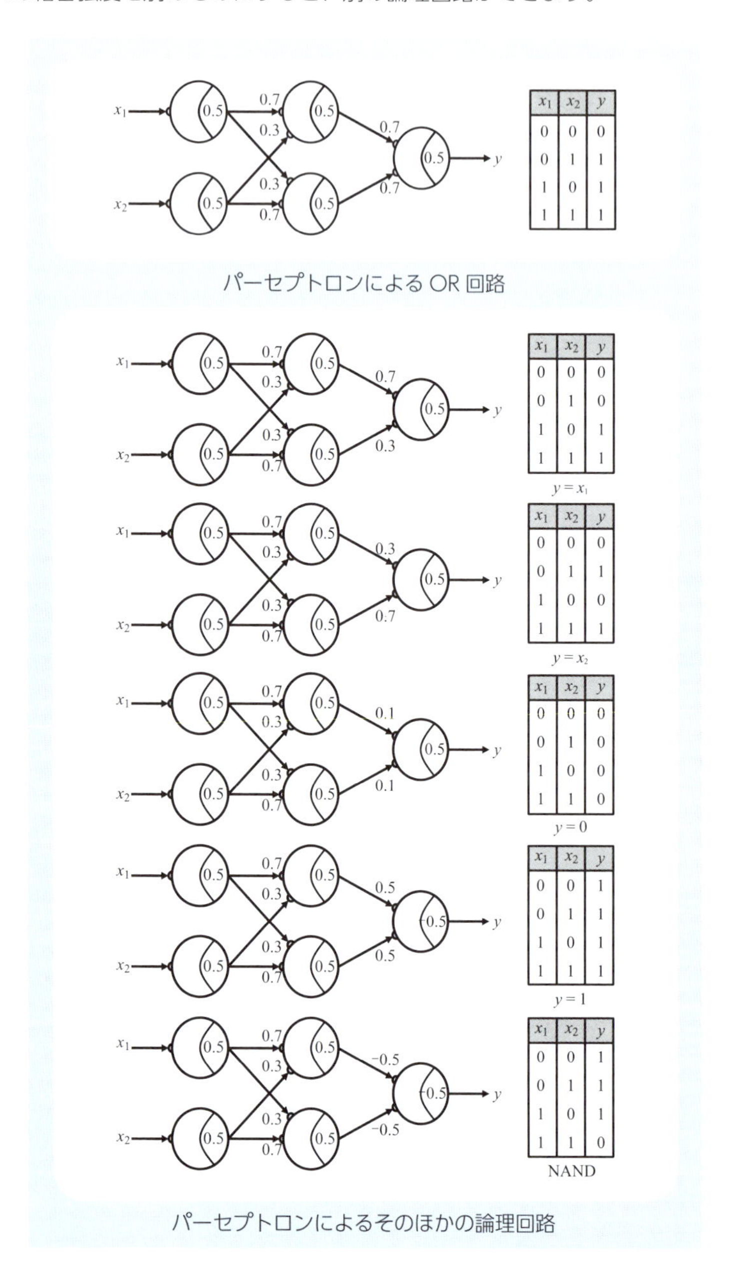

x_1	x_2	y
0	0	0
0	1	1
1	0	1
1	1	1

パーセプトロンによる OR 回路

x_1	x_2	y
0	0	0
0	1	0
1	0	1
1	1	1

$y = x_1$

x_1	x_2	y
0	0	0
0	1	1
1	0	0
1	1	1

$y = x_2$

x_1	x_2	y
0	0	0
0	1	0
1	0	0
1	1	0

$y = 0$

x_1	x_2	y
0	0	1
0	1	1
1	0	1
1	1	1

$y = 1$

x_1	x_2	y
0	0	1
0	1	1
1	0	1
1	1	0

NAND

パーセプトロンによるそのほかの論理回路

ただし、左頁の下図では、$y=1$ と NAND では、ニューロンの閾値として $\theta=-0.5$ という負の数が用いられ、また、同じく NAND では、シナプスの結合強度にも -0.5 という負の数が用いられています。ニューロンの状態が 発火 =1から 静止 =0という 非負の数が用いられることを考えると、少しスッキリしません。そこで割り切って、発火と静止を完全に対称的に、すなわち、発火 =1から 静止 =−1と定義しますと、閾値やシナプスの結合強度に負の数が用いられることに抵抗がなくなります。閾値 $\theta=0$ としてよいニューロンも出てくるなど、プログラミングやハードウェアでの実装のうえで利便性につながるところもあります。ただし論理的には完全に等価であることは証明できます。静止 =0を使うか、静止 =−1を使うかは、適宜で判断すればよいと思います。下図は、静止 =−1のパーセプトロンでつくった論理回路です。NAND や OR も綺麗に作製できます。

たくさんの例を書きましたが、ここで言いたかったことは、シナプスの結合強度と場合によってはニューロンの閾値を変えてやることで、ネットワークの接続の構造は変えずに、ニューラルネットワークはさまざまな機能に変化できるということです。

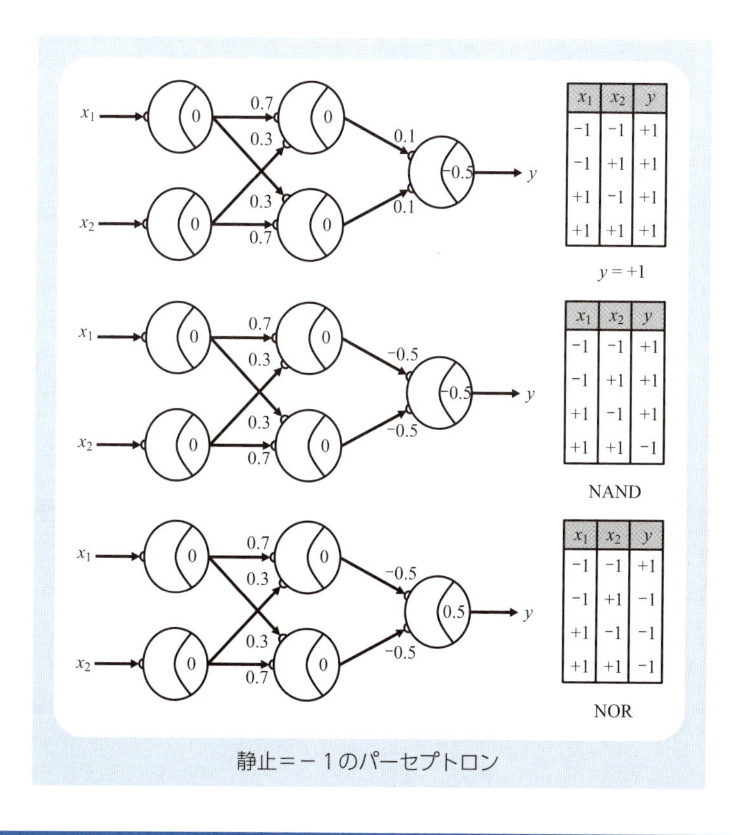

x_1	x_2	y
−1	−1	+1
−1	+1	+1
+1	−1	+1
+1	+1	+1

$y=+1$

x_1	x_2	y
−1	−1	+1
−1	+1	+1
+1	−1	+1
+1	+1	−1

NAND

x_1	x_2	y
−1	−1	+1
−1	+1	−1
+1	−1	−1
+1	+1	−1

NOR

静止＝－１のパーセプトロン

2-5　シナプスの結合強度の更新

ここまでは、シナプスの結合強度をさまざまな値にすることで、ニューラルネットワークはさまざまな機能にできるということを見てきましたが、では、シナプスの結合強度は、どのように変えてやればよいのでしょうか。入力層・中間層・出力層からなる基本的なパーセプトロンでは、中間層から出力層へのシナプスの結合強度のみ変化しますので、その更新のしかた、すなわち学習の方法について説明します。

中間層のニューロン$1, 2, \cdots, i, \cdots$から出力層のニューロンjへの入力を、$x_1, x_2, \cdots, x_i, \cdots$とし、それぞれのシナプスの接続強度を、$w_{1j}, w_{2j}, \cdots, w_{ij} \cdots$とし、そのときのニューロン$j$からの出力を$y_j$とします。この$y_j$は、一般に、正解すなわち教師信号$\bar{y}_j$とは異なり、その差は、$y_j - \bar{y}_j$と表されます。そこで、シナプスの修正量$\Delta w_{ij}$を 次式で求めます。

$$\Delta w_{ij} = -\eta\left(y_j - \bar{y}_j\right)x_i$$

ηは、学習係数と呼ばれる正の係数です。この式を詳しく見てみると、出力y_jと教師信号$\bar{y}_j$が等しいときは、修正量Δw_{ij}は、ゼロとなります。これはすなわち、出力が正しい答えを出しているわけですから、シナプスの接続強度を修正する必要はないということです。一方、出力y_jと 教師信号$\bar{y}_j$が異なるときは、さらに、$x_i = 1$のときは、修正量Δw_{ij}が生じます。出力が間違った答えを出しているわけですから、シナプスの接続強度を修正する必要があります。ここで、$y_j > \bar{y}_j$ならば、$\Delta w_{ij} < 0$となり、シナプスの接続強度は弱められます。$y_j > \bar{y}_j$ということは、入力から出力への影響が出すぎているわけですから、これでいいわけです。逆に、$y_j < \bar{y}_j$ならば、$\Delta w_{ij} > 0$となり、シナプスの接続強度は強めらて、入力から出力への影響がより出るようにします。これに対して、出力y_jと教師信号$\bar{y}_j$が異なっていても、$x_i = 0$のときは、修正量Δw_{ij}は、ゼロとなります。これは、$x_i = 0$であれば、シナプスの接続強度がどんな値であっても、影響はゼロなので、シナプスの接続強度を変化させても意味がないからです。

それでは、実際の例を見てみましょう。たとえば、パーセプトロンにANDを学習させることを考えます。右図のような、シナプス結合強度の初期値だとします。説明のためにかなり意図的な値にしていますが、ご容赦ください。また、出力層のニューロンはひとつしかないため、添字のjは省略します。このとき、$x_1 = 0, x_2 = 1$を入力しますと、$y = 1$が出力されますが、これはANDの教師信号$\bar{y} = 0$とは異なります。よって、$x_1 = 0$のため$\Delta w_1 = 0$ですが、$\Delta w_2 = -0.2(1-0)1 = -0.2$がゼロではない修正量として得られます。なお、ここでは、学習係数$\eta = 0.2$としました。同様に、$x_1 = 0, x_2 = 1$を入力しますと、$\Delta w_1 = -0.2(1-0)1 = -0.2$が得られます。そこで、$w_1$を新たに$w_1 + \Delta w_1 = 0.8 - 0.2 = 0.6$とし、$w_2$を新たに$w_2 + \Delta w_2 =$ $0.6 - 0.2 = 0.4$とします。そして、同じ操作をもういちど繰り返しますと、$w_1=0.4, w_2=0.4$となり、これでAND回路となります。

これで、この式で表されるシナプスの結合強度の更新が、直感的にもわかったのではないでしょうか。しかしながら、単純すぎて、フレキシビリティに欠けるところもあり、この方法では学習できない論理などもあります。そこで、強力で、理論的にも十分に研究されているのが、次節のバックプロパゲーションです。

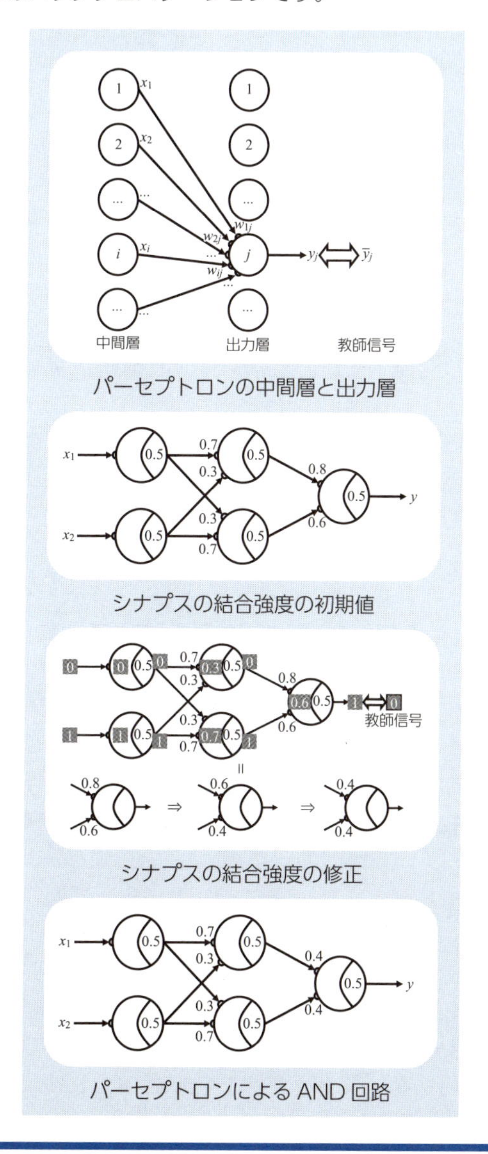

パーセプトロンの中間層と出力層

シナプスの結合強度の初期値

シナプスの結合強度の修正

パーセプトロンによるAND回路

2-6 バックプロパゲーション

「バックプロパゲーション（Backpropagation）」は、デビッド・ラメルハート（David E. Rumelhart）が提案したもので、日本語では「誤差逆伝播法」といって、シナプスの結合強度を変化させて、ニューラルネットワークに学習させるためのひとつの方法です。教師信号と出力信号との誤差が減少するように、出力層から遡って、シナプスの結合強度を変化させる方法です。前節のシナプスの結合強度の更新のところで書いた方法もこの学習方法のひとつですが、本節ではより洗練された方法を説明します。また、多層のニューラルネットワークに適用する方法についても説明します。

教師信号と出力信号との誤差に含まれる情報量をより多くするとともに、微分可能とするため、ニューロンのモデルにはシグモイド関数を用います。すると、ニューロンへの入力 x_i と出力 y_j とのあいだには、次式の関係があります。

$$u_j = \sum_i w_{ij} x_i, \quad y_j = f\left(u_j\right), \quad f\left(u\right) = \frac{1}{1+\exp\left(-u\right)}$$

ここで、f の式に閾値 θ が含まれていませんので、暗に前述の $-\theta = w_0 x_0$ とすることが仮定されています。

出力信号 y_j と教師信号 $\bar{y}_j$ との誤差関数 E_y を、次式のように2乗誤差で表します。なお、E_y は、最小化したときが解であるということが物理学でのエネルギに類似していることから、エネルギ関数とも呼ばれます。

$$E_y = \frac{1}{2}\sum_j \left(y_j - \bar{y}_j\right)^2$$

シナプスの結合強度 w_{ij} が変化するとき、どのように誤差関数 E_y が変化するかを知るには、シナプスの結合強度 w_{ij} による誤差関数 E_y の偏微分 $\partial E_y/\partial w_{ij}$ を求めればよいです。$\partial E_y/\partial w_{ij} > 0$ ならば、シナプスの結合強度 w_{ij} が増加するとき誤差関数 E_y も増加するので、誤差関数 E_y を減少させるにはシナプスの結合強度 w_{ij} も減少させねばなりません。いっぽう、$\partial E_y/\partial w_{ij} < 0$ ならば、シナプスの結合強度 w_{ij} は増加させねばなりません。いずれにせよ、次式であらわされる修正量 Δw_{ij} を変化させればよくなります。

$$\Delta w_{ij} = -\eta \frac{\partial E_y}{\partial w_{ij}}$$

ここで、学習係数 η を正の係数とすれば、$\partial E_y/\partial w_{ij} > 0$ ならば、$\Delta w_{ij} < 0$ となり、$\partial E_y/\partial w_{ij} < 0$ ならば、$\Delta w_{ij} > 0$ となり、シナプスの結合強度 w_{ij} を正しい方向に変化させることができます。また、$\partial E_y/\partial w_{ij}$ が大きい w_{ij} に対して、より Δw_{ij} が大きくなり、すなわち、誤差関数 E_y に与える影響が大きい w_{ij} ほど、大きく修正してゆくことになります。ただし、シナプスの結合強度 w_{ij} の修正が行きすぎないようにゆっくりと最適解に近づけてやる必要から、学習係数 η は、ある程度は小さい値である必要があります。

偏微分 $\partial E_y/\partial w_{ij}$ は、以下のように表すことができます。なお、最後の式変形では、$f'(u)=\dfrac{\exp(-u)}{\left[1+\exp(-u)\right]^2}=f(u)\left[1-f(u)\right]$を用いていて、プログラミングの上では計算が少し簡単になり、処理速度が少し早くなり、また、ハードウェアで実現するときにも有用です。

$$\frac{\partial E_y}{\partial w_{ij}}=\frac{\partial E_y}{\partial y_j}\frac{\partial y_j}{\partial u_j}\frac{\partial u_j}{\partial w_{ij}}=\left(y_j-\overline{y}_j\right)f'\left(u_j\right)x_i=\left(y_j-\overline{y}_j\right)y_j\left(1-y_j\right)x_i=\delta_j x_i$$

$$\delta_j=\left(y_j-\overline{y}_j\right)y_j\left(1-y_j\right)$$

なお、通常の合成関数の微分では、j に対して和をとらねばなりませんが、j 以外では、$\partial u_{j\,\text{以外}}/\partial w_{ij}=0$ ですので、和をとらなくてもよいです。

この式から、修正量 Δw_{ij} は、次式で表すことができます。

$$\Delta w_{ij}=-\eta\delta_j x_i$$

$$\delta_j=\left(y_j-\overline{y}_j\right)y_j\left(1-y_j\right)$$

このシナプスの結合強度の修正量 Δw_{ij} に関する式を、「デルタルール（Delta Learning Rule）」と呼びます。中間層と出力層のあいだのシナプスの結合強度のみを修正するのであれば、これで十分です。

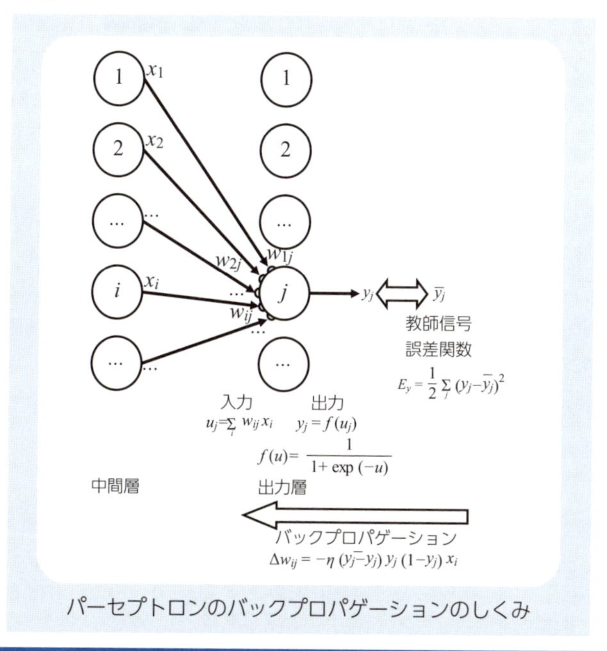

パーセプトロンのバックプロパゲーションのしくみ

例として、まず、パーセプトロンによるOR回路をつくってみましょう。なお、歴史的には、パーセプトロンよりも進んだ階層型ニューラルネットワークのさらなる発展型であるバックプロパゲーションネットワークとして、バックプロパゲーションのアイデアは提案されましたが、ここでは簡単に説明するために、パーセプトロンに対してバックプロパゲーションを適用してみます。シナプスの結合強度の初期値として、パーセプトロンによるAND回路を用います。簡単のため、シグモイド関数は、出力層のニューロンのみに用います。シグモイド関数ではバックプロパゲーションでは暗に想定されていたとおり$a=1$とし、修正量の学習係数$\eta=0.5$とします。出力はひとつだけですので、jは省略します。なお、下記では、仮定したとおり、$-\theta=w_0x_0$としていますが、そうでなくても実は結果は同じになります。

まず、$x_1=0, x_2=0$が入力されると、出力層のニューロンへの入力は、$0.3\cdot0+0.3\cdot0+(-0.5)\cdot1=-0.5$（最後の項は閾値電圧の項）となるので、出力信号$y=1/(1+\exp(-(-0.5)))=0.378$が出力され、OR回路なので教師信号$\bar{y}=0$ですから、$\delta=(0.378-0)\cdot0.378\cdot(1-0.378)=0.089$となりますが、$\Delta w_1=\Delta w_2=-0.5\cdot0.089\cdot0=0$となり修正量はゼロです。$x_1=0, x_2=1$が入力されると、出力層のニューロンへの入力は、$0.3\cdot0+0.3\cdot1+(-0.5)\cdot1=-0.2$となるので、出力層のニューロンからの出力として、出力信号$y=1/(1+\exp(-(-0.2)))=0.450$が出力されます（次図）。教師信号$\bar{y}=1$ですから、$\delta=(0.450-1)\cdot0.450\cdot(1-0.450)=-0.136$となり、$\Delta w_1=-0.5\cdot(-0.136)\cdot0=0$、$\Delta w_2=-0.5\cdot(-0.136)\cdot1=0.068$が得られます。同じように、$x_1=1, x_2=0$が入力されると、$\Delta w_1=0.068, \Delta w_2=0$が得られます。$x_1=1, x_2=1$が入力されると、出力信号$y=0.525$が出力され、教師信号$\bar{y}=1$ですから、$\delta=(0.525-1)\cdot0.525\cdot(1-0.525)=-0.118$となり、$\Delta w_1=\Delta w_2=-0.5\cdot(-0.118)\cdot1=0.059$が得られます。これらの修正をすべて加えると、シナプスの結合強度は、下記のとおりになります。

$$w_1=w_2=0.3+0.068+0.059=0.427$$

しかしながら、これらのシナプスの結合強度を使っても、$x_1=0, x_2=1$が入力されると、出力信号$y=0.482$が出力され、これではまだ残念ながら、OR回路ではありません。そこで、同じ操作を繰り返しますと、シナプスの結合強度は、下記のとおりになります。

$$w_1=w_2=0.427+0.065+0.050=0.542$$

x_1とx_2の4とおりに対する出力yを求めると、OR回路になっていることがわかります。

バックプロパゲーション：小林一郎、人工知能の基礎、サイエンス社、2008. 臼井支朗、岩田彰、久間和生、浅川和雄、基礎と実線 ニューラルネットワーク、コロナ社、1995.

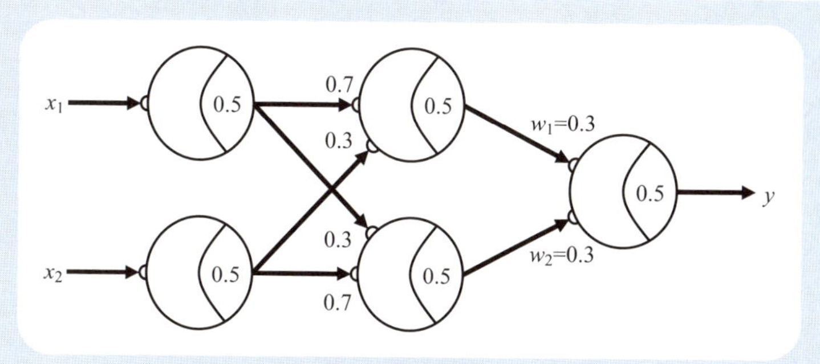

シナプスの結合強度の初期値

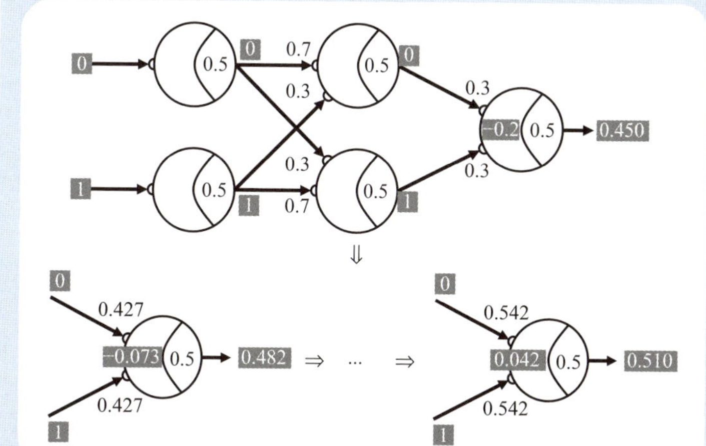

シナプスの結合強度の修正

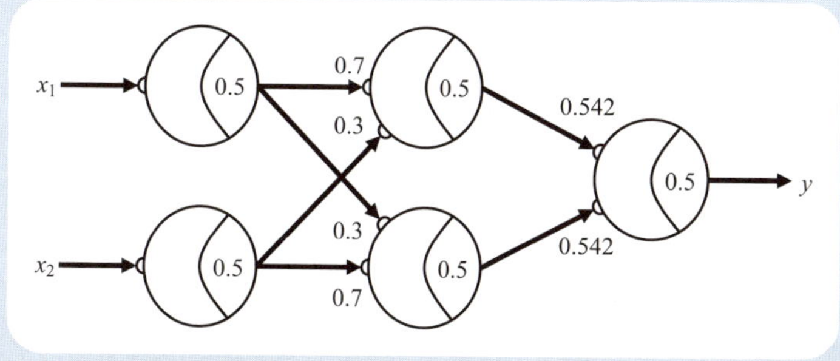

パーセプトロンによる OR 回路

中間層が2層のニューラルネットワークであれば、y_j の次の信号を z_k とすると、次式の関係があります。

$$v_k = \sum_j w_{jk} y_j, \quad z_k = f(v_k), \quad E_z = \frac{1}{2}\sum_k \left(z_k - \bar{z}_k\right)^2$$

次式であらわされる修正量 Δw_{ij} を変化させればよくなります。

$$\Delta w_{ij} = -\eta \frac{\partial E_z}{\partial w_{ij}} = -\eta \frac{\partial E_z}{\partial y_j}\frac{\partial y_j}{\partial u_j}\frac{\partial u_j}{\partial w_{ij}}$$

$$= -\eta \frac{\partial E_z}{\partial y_j} f'(u_j) x_i = -\eta \frac{\partial E_z}{\partial y_j} y_j (1 - y_j) x_i$$

偏微分 $\partial E_z / \partial y_j$ は、以下のように表すことができます。

$$\frac{\partial E_z}{\partial y_j} = \sum_k \frac{\partial E_z}{\partial z_k}\frac{\partial z_k}{\partial v_k}\frac{\partial v_k}{\partial y_j} = \sum_k \left(z_k - \bar{z}_k\right) z_k (1 - z_k) w_{jk} = \sum_k \delta_k^z w_{jk}$$

$$\delta_k^z = \left(z_k - \bar{z}_k\right) z_k (1 - z_k)$$

今度は、k に対して、和をとらねばなりません。一般的に、$\partial E_z / \partial z_k$, $\partial z_k / \partial v_k$, $\partial v_k / \partial y_j$ のどれもゼロにならないからです。

●●コラム●●

最急降下法

「最急降下法」とは、ある評価関数を最も速く減少させるように、あるパラメータ群を修正してゆく方法で、バックプロパゲーションもそのひとつです。バックプロパゲーションでは、$\Delta w_{ij} = -\eta\left(\partial E / \partial w_{ij}\right)$を用いますので、微分すなわち勾配の最も急な方向へ導いていきますから、まさにこの最急降下法となります。高速に解にたどり着く傾向があるいっぽうで、本当の最小値（大域的最適解、グローバルミニマム）にたどり着かずに、局所的な極小値（局所最適解、ローカルミニマム）につかまってしまう恐れもあります。これを回避するために、シミュレーテッドアニーリングなどの手法があり、これについては後述します。

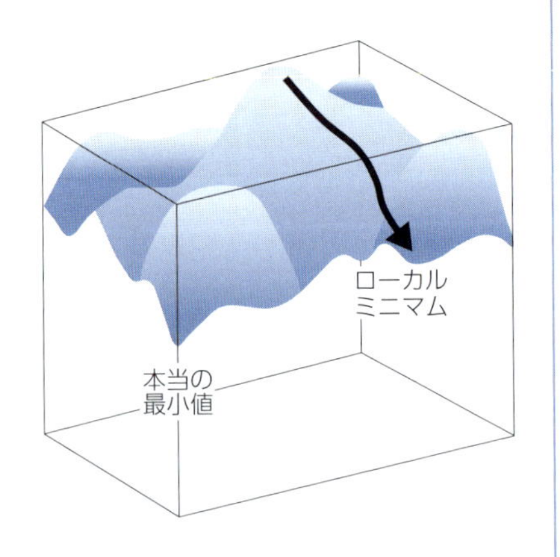

この式から、修正量 Δw_{ij} は、次式で表すことができます。

$$\Delta w_{ij} = -\eta \left(\sum_k \delta_k^z w_{jk} \right) y_j \left(1 - y_j\right) x_i = -\eta \delta_j^y x_i$$

$$\delta_j^y = \left(\sum_k \delta_k^z w_{jk} \right) y_j \left(1 - y_j\right)$$

$$\delta_k^z = \left(z_k - \bar{z}_k\right) z_k \left(1 - z_k\right)$$

δ_j^y を求めるのに、δ_k^z が使われています。

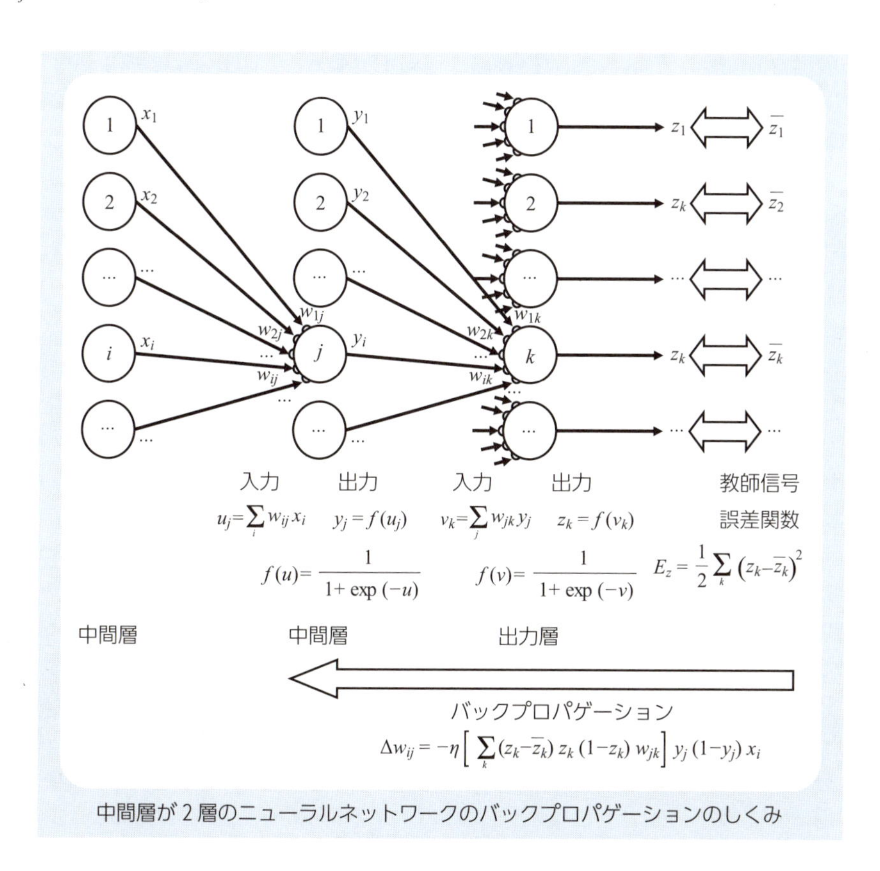

中間層が2層のニューラルネットワークのバックプロパゲーションのしくみ

例として、ふたたび、OR 回路をつくってみましょう。やはり、シナプスの結合強度の初期値として、パーセプトロンによる AND 回路を用います。ただし今回は、入力層から中間層へのシナプスの接続強度を変化させ、中間層が 2 層のニューラルネットワークを想定します。一方、中間層から出力層へのシナプスの接続強度は一定とします。シグモイド関数は、中間層と出力層のニューロンに用います。修正量の学習係数 $\eta=50$ とします。かなり大きすぎますが、その理由はあとで説明します。

まず、$x_1=0, x_2=0$ が入力されると、$\Delta w_{11}=\Delta w_{12}=\Delta w_{21}=\Delta w_{22}=0$ となり修正量はゼロです。$x_1=0, x_2=1$ が入力されると、中間層のニューロンへの入力は、それぞれ、$u_1=0.7\cdot 0+0.3\cdot 1+(-0.5)\cdot 1=-0.2$, $u_2=0.3\cdot 0+0.7\cdot 1+(-0.5)\cdot 1=0.2$ となり、中間層のニューロンからの出力は、それぞれ、$y_1=1/(1+\exp(-(-0.2)))=0.450$, $y_2=1/(1+\exp(-0.2))=0.550$ となり、出力層のニューロンへの入力は、$0.3\cdot 0.450+0.3\cdot 0.550+(-0.5)\cdot 1=-0.2$ となるので、出力層のニューロンからの出力として、出力信号 $y=1/(1+\exp(-(-0.2)))=0.450$ が出力されます（次図）。教師信号 $\overline{y}=1$ ですから、$\delta^z=-0.136$, $\delta_1^y=\delta_2^y=\left(-0.136\cdot 0.3\right)0.450\left(1-0.450\right)=-0.0101$ となり、$\Delta w_{11}=\Delta w_{12}=-0.5\cdot(-0.0101)\cdot 0=0$, $w_{21}=\Delta w_{22}=-50\cdot(-0.0101)\cdot 1=0.505$ が得られます。同じように、$x_1=1, x_2=0$ が入力されると、$\Delta w_{11}=\Delta w_{12}=0.505$, $w_{21}=\Delta w_{22}=0$ が得られます。$x_1=1, x_2=1$ が入力されると、$\Delta w_{11}=\Delta w_{12}=\Delta w_{21}=\Delta w_{22}=0.467$ が得られます。これらの修正をすべて加えると、シナプスの結合強度は、下記のとおりになります。

$$\Delta w_{11}=\Delta w_{22}=0.7+0.505+0.467=1.672,\quad \Delta w_{12}=\Delta w_{21}=0.3+0.505+0.467=1.272$$

しかしながら、これらのシナプスの結合強度を使っても、$x_1=0, x_2=1$ が入力されると、出力信号 $y=0.484$ が出力され、これではまだ残念ながら、OR 回路ではありません。そこで、同じ操作を何度か繰り返しますと、シナプスの結合強度は、下記のとおりになります。

$$\Delta w_{11}=\Delta w_{22}=2.461,\quad \Delta w_{12}=\Delta w_{21}=2.189$$

x_1 と x_2 の 4 とおりに対する出力 y を求めると、OR 回路になっていることがわかります。

なお、前述のパーセプトロンの例も、ここでの中間層が 2 層のニューラルネットワークの例も、実は計算は Excel で行っています。ニューラルネットワークを勉強されたことのある方は、バックプロパゲーションは難しそうに見えるのですが、この程度でしたらそれくらい簡単にできますので、ぜひ自分で挑戦されるとよいと思います。

パーセプトロンでは、修正量の学習係数 $\eta=0.5$ でしたが、ここでの中間層が 2 層のニューラルネットワークでは、修正量の学習係数 $\eta=50$ とし、かつ何度も繰り返さなければ学習に至りませんでした。これは、従来のバックプロパゲーションの課題のひとつで、前の層に遡れば遡るほど、異なる出力に対する影響の差が薄まってしまい、学習が効果的でなくなってしまうという問題に起因した現象のひとつでしょう。場合によっては、第何層のシナプスを学習させるかということに応じて、学習係数 η を調整しても効果的かもしれません。この課題のため、従来のバックプロパゲーションを学習の手法として用いることを前提とすると、ニューラルネットワークをあまり多層にしても、効果がありませんでした。これを解決したのが、ディープラーニングの手法で、後節で説明します。

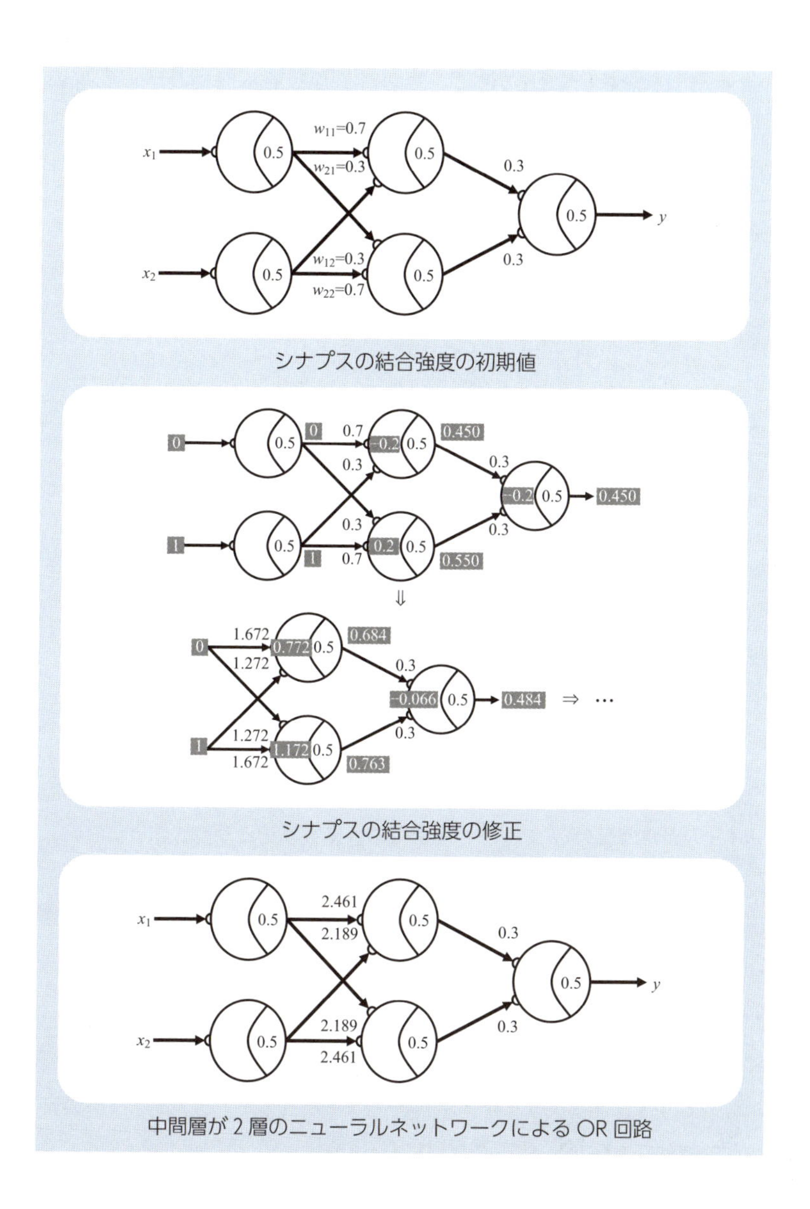

シナプスの結合強度の初期値

シナプスの結合強度の修正

中間層が2層のニューラルネットワークによるOR回路

パーセプトロンと中間層が2層のニューラルネットワークのバックプロパゲーションの式を見比べると、より多層のニューラルネットワークのバックプロパゲーションについて、おおよその法則が見えてきます。ここでは、さらに多層の n 層のニューラルネットワークについてのバックプロパゲーションを考えてみましょう。第 $m-1$ 層のニューロンの出力を y_i^{m-1}、第 m 層の入力を u_j^m、出力を y_j^m、第 $m-1$ 層から第 m 層へのシナプスの結合強度を $w_{ij}^{m-1,\,m}$ と書くと、次式の関係があります。

$$u_j^m = \sum_i w_{ij}^{m-1,\,m} y_i^{m-1}, \quad y_j^m = f\left(u_j^m\right), \quad E = \frac{1}{2}\sum_o \left(y_o^n - \bar{y}_o\right)^2$$

次式であらわされる修正量 $\Delta w_{ij}^{m-1,m}$ を変化させればよくなります。

$$\Delta w_{ij}^{m-1,\,m} = -\eta \frac{\partial E}{\partial w_{ij}^{m-1,\,m}} = -\eta \frac{\partial E}{\partial y_j^m} \frac{\partial y_j^m}{\partial u_j^m} \frac{\partial u_j^m}{\partial w_{ij}^{m-1,\,m}}$$

$$= -\eta \frac{\partial E}{\partial y_j^m} f'\left(u_j^m\right) y_i^{m-1} = -\eta \frac{\partial E}{\partial y_j^m} y_j^m \left(1 - y_j^m\right) y_i^{m-1}$$

やはり、j 以外では、$\partial u_{j\,\text{以外}}^m \Big/ \partial w_{ij}^{m-1,\,m} = 0$ ですので、j に対しては、和をとらなくてもよいです。

まず、$m=n$ のとき、偏微分 $\partial E \big/ \partial y_j^m$ は、以下のように表すことができます。

$$\frac{\partial E}{\partial y_j^m} = \frac{\partial E}{\partial y_j^n} = y_j^n - \bar{y}_j$$

これらの式から、修正量 $\Delta w_{ij}^{m-1,\,m}$ は、次式で表すことができます。

$$\Delta w_{ij}^{m-1,\,m} = \Delta w_{ij}^{n-1,\,n} = -\eta \frac{\partial E}{\partial y_j^n} y_j^n \left(1 - y_j^n\right) y_i^{n-1}$$

$$= \left(y_j^n - \bar{y}_j\right) y_j^n \left(1 - y_j^n\right) y_i^{n-1} = \delta_j^n y_i^{n-1}$$

$$\delta_j^n = \left(y_j^n - \bar{y}_j\right) y_j^n \left(1 - y_j^n\right)$$

一方、$m \neq n$ のとき偏微分 $\partial E \big/ \partial y_j^m$ は、以下のように表すことができます。

$$\frac{\partial E}{\partial y_j^m} = \sum_k \frac{\partial E}{\partial y_k^{m+1}} \frac{\partial y_k^{m+1}}{\partial u_k^{m+1}} \frac{\partial u_k^{m+1}}{\partial y_j^m} = \sum_k \frac{\partial E}{\partial y_k^{m+1}} y_k^{m+1} \left(1 - y_k^{m+1}\right) w_{jk}^{m,\,m+1} = \sum_k \delta_k^{m+1} w_{jk}^{m,\,m+1}$$

$$\delta_k^{m+1} = \frac{\partial E}{\partial y_k^{m+1}} y_k^{m+1} \left(1 - y_k^{m+1}\right)$$

やはり、今度は、k に対して、和をとらねばなりません。一般的に、$\partial E \big/ \partial y_k^{m+1}$, $\partial y_k^{m+1} \big/ \partial u_k^{m+1}$, $\partial u_k^{m+1} \big/ \partial y_j^m$ のどれもゼロにならないからです。ここで、δ_k^{m+1} の式に対して、$m+1 \to m$ と置き換え、$\partial E \big/ \partial y_j^m$ の式を代入し、さらに $k \to j$ と置き換えます。

$$\delta_k^m = \frac{\partial E}{\partial y_k^m} y_k^m \left(1 - y_k^m\right) = \left(\sum_l \delta_l^{m+1} w_{kl}^{m,\,m+1}\right) y_k^m \left(1 - y_k^m\right), \quad \delta_j^m = \left(\sum_l \delta_l^{m+1} w_{jl}^{m,\,m+1}\right) y_j^m \left(1 - y_j^m\right)$$

$m=n$ のときと、$m \neq n$ のときをまとめますと、修正量 $\Delta w_{ij}^{m-1,m}$ は、次式で表すことができます。

$$\Delta w_{ij}^{m-1,m} = -\eta \delta_j^m y_i^{m-1}$$

$$\delta_j^m = \begin{cases} \left(\sum_l \delta_l^{m+1} w_{jl}^{m,m+1} \right) y_j^m \left(1 - y_j^m\right) & m \neq n \text{ のとき} \\ \delta_j^n = \left(y_j^n - \overline{y}_j \right) y_j^n \left(1 - y_j^n\right) & m = n \text{ のとき} \end{cases}$$

つまり、δ_j^m は再帰的に繰り返し計算で求められることとなります。

パーセプトロンで、中間層の出力 $x_i \to y_i^1$、出力層の出力 $y_j \to y_j^2$、シナプスの結合強度 $w_{ij} \to w_{ij}^{1,2}$、$\delta_j \to \delta_j^2$ とする置換を行うと、バックプロパゲーションは、下記の式となります。

$$\Delta w_{ij}^{1,2} = -\eta \delta_j^2 y_i^1, \quad \delta_j^2 = \left(y_j^2 - \overline{y}_j \right) y_j^2 \left(1 - y_j^2\right)$$

これは、n 層のニューラルネットワークにおいて、$n=2$ を代入したものにあたり、パーセプトロンは 2 層のニューラルネットワークとみなせますので、当然の結果が得られました。

また、中間層が 2 層のニューラルネットワークで、$x_i \to y_i^1$、$y_j \to y_j^2$、$z_k \to y_k^3$、$w_{ij} \to w_{ij}^{1,2}$、$w_{jk} \to w_{jk}^{2,3}$、$\delta_j \to \delta_j^2$、$\delta_k^z \to \delta_k^3$、$\overline{z}_k \to \overline{y}_k$ とする置換を行うと、バックプロパゲーションは、下記の式となります。

$$\Delta w_{ij}^{1,2} = -\eta \delta_j^2 y_i^1, \quad \delta_k^3 = \left(y_k^3 - \overline{y}_k \right) y_k^3 \left(1 - y_k^3\right), \quad \delta_j^2 = \left(\sum_k \delta_k^3 w_{jk}^{2,3} \right) y_j^2 \left(1 - y_j^2\right)$$

これは、n 層のニューラルネットワークにおいて、$n=3$ を代入したものにあたり、中間層が 2 層のニューラルネットワークは出力層をあわせて 3 層のニューラルネットワークとみなせますので、当然の結果が得られました。

このように、n 層のニューラルネットワークのシナプスの結合強度の修正量 $\Delta w_{ij}^{m-1,m}$ に関する式を、「一般化デルタルール」と呼びます。出力層での教師信号と出力信号との誤差関数が減少するように、前の層へ遡ってゆきます。

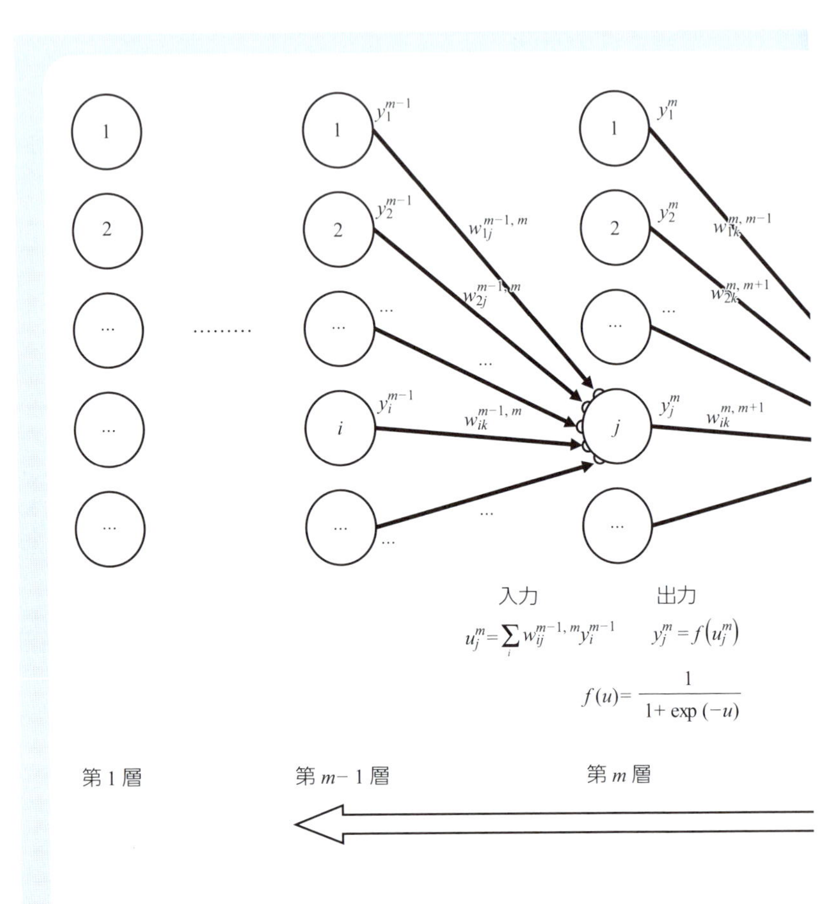

多層のニューラルネットワークの

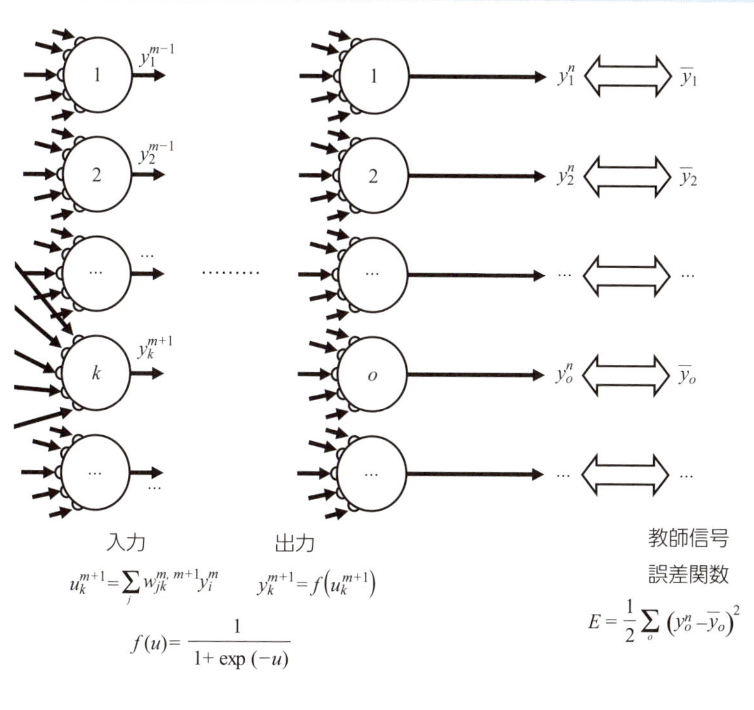

バックプロパゲーション

$$\Delta w_{ij}^{m-1,m} = -\eta \delta_j^m y_i^{m-1}$$

$$\delta_j^m = \begin{cases} \delta_j^m = \left(y_j^n - \overline{y}_j\right) y_j^n \left(1 - y_j^n\right) & m=n \text{ のとき} \\ \left(\sum_l \delta_j^{m+1} w_{jl}^{m,m+1}\right) y_j^m \left(1 - y_j^m\right) & m \neq n \text{ のとき} \end{cases}$$

バックプロパゲーションのしくみ

2-7 線形分離

実は、パーセプトロンでは、線形分離可能な論理のみ学習可能で、線形分離不可能な論理は学習不可能なことがわかっています。線形分離可能とは、入力を横軸と縦軸にとったグラフにおいて、異なる出力を直線で分離することが可能であることです。AND 論理やOR 論理は線形分離可能ですが、XOR 論理は線形分離不可能です。実際に、これまで出てきた、パーセプトロンで実現された論理は、すべて線形分離可能でした。言い換えれば、パーセプトロンとは、この線形分離のための直線を決めるものだといえます。ただし、これまでのパーセプトロンは入力が x_1 と x_2 の 2 個であったため 2 次元の平面での 1 次元の直線による線形分離になりますが、入力が n 個であれば n 次元の超空間での $n-1$ 次元の超平面による線形分離になります。

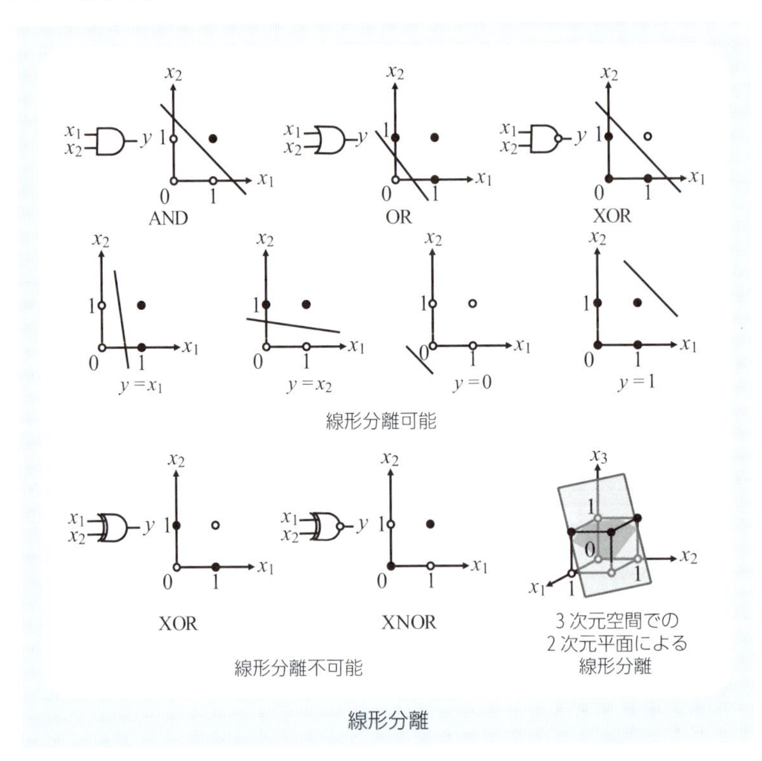

線形分離

単純なパーセプトロンではなく、隠れニューロンをふくむニューラルネットワークならば、線形分離不可能な論理を学習することが可能です。ここでは、例として、次図のような、隠れニューロンをふくむニューラルネットワークを考えてみます。

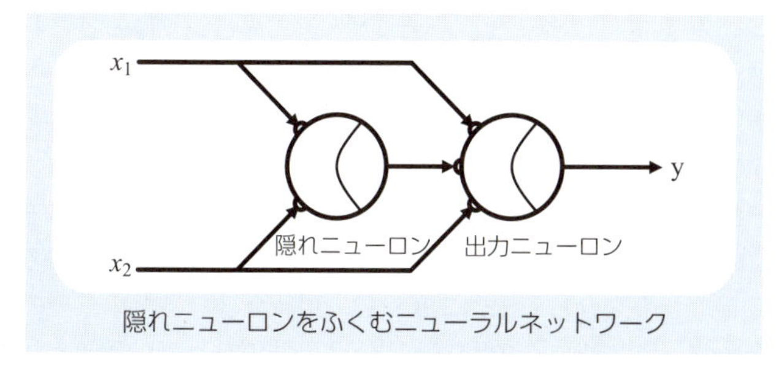

隠れニューロンをふくむニューラルネットワーク

それでは、この隠れニューロンをふくむニューラルネットワークに、XOR 論理を学習させてみましょう。前節までに説明したバックプロパゲーションは、このような一部の信号がある層のニューロンをとばして次の層のニューロンに入力されるようなニューラルネットワークには厳密には数式として適用ができませんが、最急降下法は適用できます。すなわち、おのおののシナプスの結合強度 w に対して、$\partial E/\partial w$ を求め、$\Delta w = -\eta \cdot (\partial E/\partial w)$ を修正量とする方法です。ただし、$\partial E/\partial w$ は、バックプロパゲーションのように数式では計算できないので、数値的に、すなわち、w をわずかな量 δw だけ変化させ、ニューラルネットワークを動作させて E の変化 δE を求め、$\delta E/\delta w$ を $\partial E/\partial w$ とみなします。これを、バックプロパゲーションと同じように、所望の論理すなわち XOR 論理が得られるまで続けます。なお、ニューロンの非線形性を強くするため、シグモイド関数の $a=10$ とし、$\eta=1$ としました。

その結果を37頁の図に示します。ここには、隠れニューロンの出力も示した真理値表を示しています。$x_1=x_2=1$ のときのみ隠れニューロンが発火し、その出力が負のシナプスの接続強度を介して出力ニューロンに伝えられるため、そのときのみ出力ニューロンの発火が抑制され、$y=0$ となります。実際に、x_1 と x_2 の 4 とおりに対する出力 y を求めると、XOR 回路になっていることがわかります。これは、前ページのグラフにさらに隠れニューロンの第 3 の軸を与えたことにあたり、3 次元空間での 2 次元平面による線形分離となり、これは図のとおり可能となります。ここでは、その 2 次元平面の上側に $y=0$、下側に $y=1$ となっていますが、この 2 次元平面はかなり狭い隙間を通さねばなりません。これは端的に、この 2 次元平面を表すシナプスの結合強度の解の範囲が狭いことを表しています。

このため、ここでのシナプスの結合強度は、任意の初期状態から最急降下法によって求めることはできません。一般的に、線形分離不可能な論理の学習は、ローカルミニマムにつかまりやすいともいえるでしょう。そこで、実はここでは、さらにシミュレーテッド・アニーリングの手法を利用しました。シミュレーテッド・アニーリングについては、下記に説明します。ただ、シミュレーテッド・アニーリングといっても、実はここでは、シナプスの結合強度を乱数で与えているだけで、それほど高度なことをしているわけではありません。(もちろん一般的にはシミュレーテッド・アニーリングは洗練された確固たる理論のある手法で、それそのものは高度な手法です)

また、これまでの論理すなわち、線形分離可能なものもそうですし、線形分離不可能なものもそうですし、さらに任意の機能についてもそうですが、ある機能を実現するニューラルネットワークのシナプスの結合強度の表現はひとつではありません。右図には別の例を示します。この例では、$x_1=x_2=0$のときのみ隠れニューロンが静止となり、その出力が正のシナプスの接続強度を介して出力ニューロンに伝えられるため、そのときのみ出力ニューロンの発火が抑制され、$y=0$となり、XOR回路になっていることがわかります。これは、3次元空間で、$x_1=x_2=0$以外の3点が、隠れニューロン=1の位置に持ち上げられたことにあたりますが、やはりこれでも線形分離可能となっていて、XOR回路が実現されています。

コラム

シミュレーテッド・アニーリング

あるパラメータ(ここではシナプスの結合強度)を求めるにあたって、はじめは大きなバラツキを与えてランダムに解を探索し、徐々にバラツキを小さくしながら、最適解を求めてゆく手法のことです。「アニーリング」とは「焼きなまし」のことで、高温から徐々に低温にしてゆく製造方法のことです。物理的には温度は状態のバラツキにあたることから、シミュレーションによるアニーリングということが、語源となっています。次図に示すとおり、ローカルミニマムからグルーバルミニマムへ動くことができる可能性を残しています。理論的には無限にゆっくりと温度を下げていけば必ずグローバルミニマムに動くことが証明されていますが、現実にはある程度の速さで温度を下げてゆくので、ローカルミニマムに残ってしまう可能性もあります。そこで、いかにそうならないようにするかを研究しています。

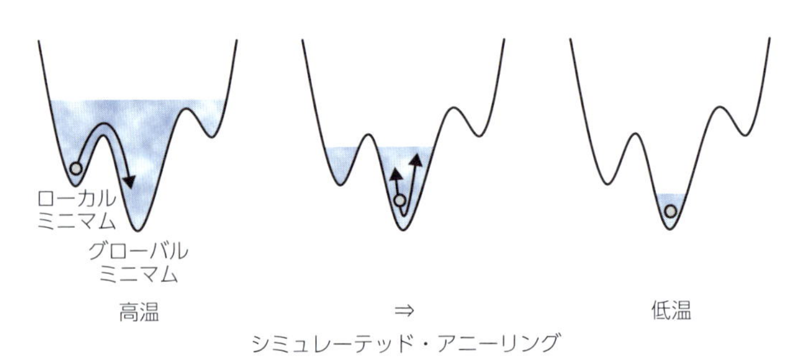

シミュレーテッド・アニーリング

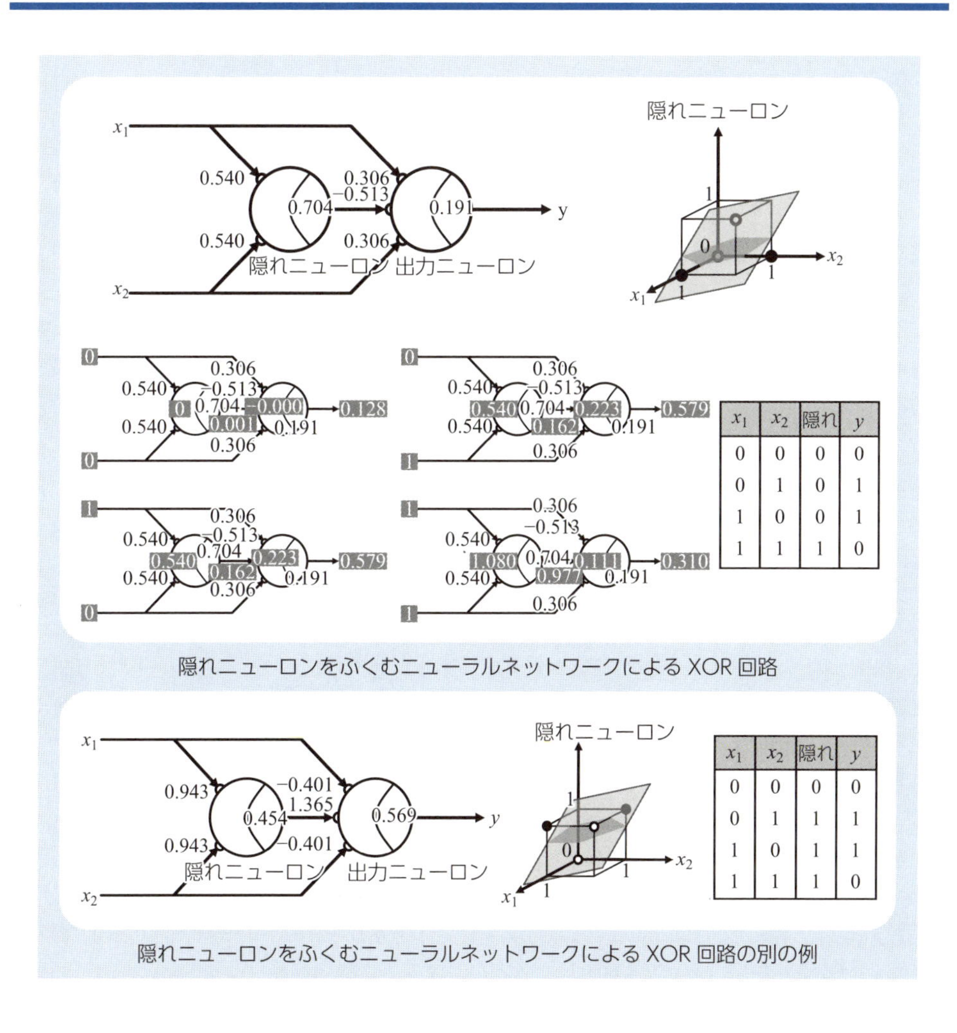

x_1	x_2	隠れ	y
0	0	0	0
0	1	0	1
1	0	0	1
1	1	1	0

隠れニューロンをふくむニューラルネットワークによる XOR 回路

x_1	x_2	隠れ	y
0	0	0	0
0	1	1	1
1	0	1	1
1	1	1	0

隠れニューロンをふくむニューラルネットワークによる XOR 回路の別の例

シミュレーテッド・アニーリング：S. Kirkpatrick, C. D. Gelatt, M. P. Vecchi, Optimization by Simulated Annealing, Science 220, 671, 1983. V. Cerny , Thermodynamical approach to the traveling salesman problem: An efficient simulation algorithm, J. Optimization Theory and Applications 45, 41, 1985.

2-8　ヘブの学習則

ソフトウェアであれば、シナプスの結合強度は自由に値を設定することができますが、生物の神経回路では難しく、実際にそのような機能をもつしくみは見つかっていません。これは、ハードウェアでも同じで、すべてのシナプスの結合強度に自由に値を設定する回路はかなり複雑となり、同じ規模の集積回路であれば、ニューロンやシナプスの数を著しく制限する結果となります。そこで、生物の神経回路では、あるいは、ハードウェアの一部においても、バックプロパゲーションやそのほかのシナプスの結合強度の変化の手法の代わりに、ドナルド・ヘッブ（Donald Hebb）が提唱した「ヘブの学習則」という手法が用いられています。ヘブの学習則では、そのシナプスに接続するニューロンの状態だけから、シナプスの結合強度を変化させます。あるシナプスにおいて、接続元のニューロンと接続先のニューロンの両方が発火したときのみ、そのシナプスの結合強度すなわち信号の伝わりやすさは強化されます。すなわち、次式で表されます。

もし、$x_i = y = 1$ ならば、$w_i = w_i + \Delta w$

つまり、信号が伝わったシナプスは、その結合強度が強くなるという手法です。たとえるならば、山のけもの道のように、通れば通るほどしっかりとした道になるようなものです。

学習の例として、OR 回路の学習を考えてみます。ここでは、ニューロンとして、階段関数を用います。学習前は、OR 回路ではありません。このままでは、$x_1 = 0, x_2 = 1$ では、$y = 0$ が出力されてしまい、正しい出力ではありません。そこで教師信号として $y = 1$ として、（無理やり）ニューロンを発火させます。すると、$x_2 = 1, y = 1$ ですから、接続元のニューロンと接続先のニューロンの両方が発火していますので、シナプスの接続強度 w_2 が Δ だけ増加します。なおここでは $\Delta w = 0.03$ としましたので、$w_1 = 0.3 + 0.03 = 0.33$ となります。同様に、$x_1 = 1, x_2 = 0$ では、$y = 1$ として、$x_1 = 1, y = 1$ ですから、$w_1 = 0.3 + 0.03 = 0.33$ となります。さらに、$x_1 = 1, x_2 = 1$ では、$y = 1$ として、$x_1 = 1, y = 1$ ですから、$w_1 = 0.33 + 0.03 = 0.36$ となり、$x_1 = 2, y = 1$ ですから、$w_2 = 0.33 + 0.03 = 0.36$ となります。これらを繰り返すと、$w_1 = w_2 = 0.54$ となったとき、OR 回路になります。

ただし、ヘブの学習則では、いったんあるシナプスの接続強度が強くなると、その影響でそのシナプスの接続元のニューロンが発火すると接続先のニューロンも発火しやすくなり、さらにそのシナプスの接続強度が強くなりやすくなり、どんどん正のフィードバックがかかってしまいます。それを回避するためのいくつかの手法も、提案されています。

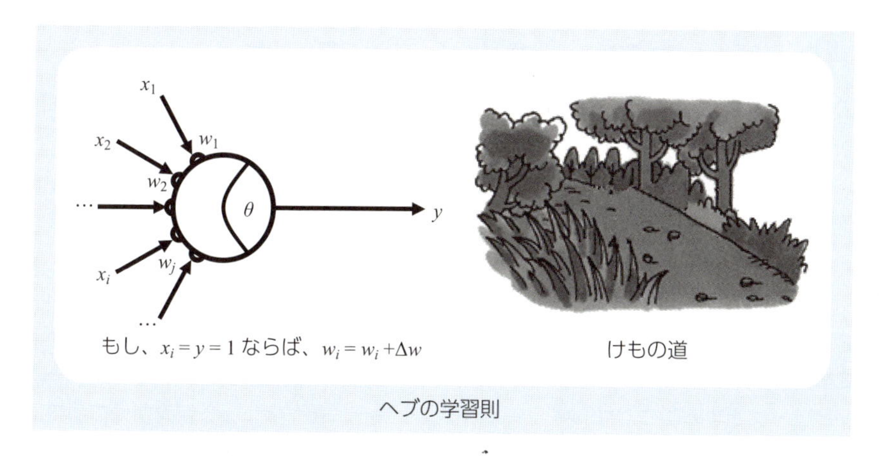

ヘブの学習則

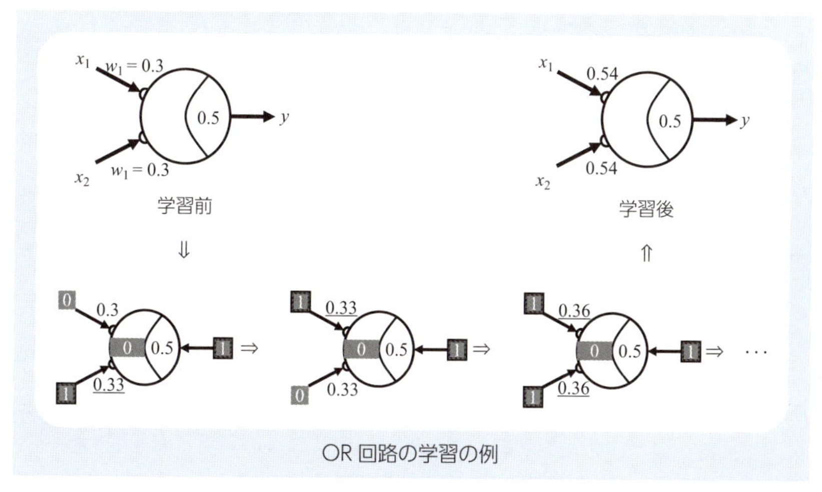

OR 回路の学習の例

ヘブの学習則：D. O. Hebb, The Organization of Behavior (Wiley, New York, 1949).
シナプスの接続強度の過度の強化の回避 ： C. von der Malsburg, Self-Organization of Orientatin Sensitive Cells in the Striate Cortex, Kybernetik 14, 85, 1973. K. Fukushima, Cognitron; A Self-Organizing Multilayered Neural Network, Biol. Cybern. 20, 121, 1975.

2-9　ホップフィールドネットワーク

「相互結合型ニューラルネットワーク」は、ニューロンどうしが双方向に結合しているネットワークです。すなわち、信号は、ニューロンAからニューロンBへと伝えられるのと同時に、ニューロンBからニューロンAへも伝えられます。より一般的には、直接ではなく、ニューロンBからニューロンCを介してニューロンAに伝えられるような、フィードバックループも考えられるでしょう。

「ホップフィールドネットワーク」は、ジョン・ホップフィールド（John Hopfield）が提唱した、相互結合型ニューラルネットワークのひとつで、すべてのニューロンが双方向に結合し、シナプスの結合強度が対称的となっています。右図は、ホップフィールドネットワークです。ここでは6個のニューロンを置き、各々のニューロンが他のすべての5個のニューロンと接続しています。ふたつの図とは接続としては等価です。個数が少なければ、左側の図のような置き方になりますが、個数が多くなると、次図のような書き方にならざるを得ないでしょう。

パーセプトロンのようなフィードフォワードネットワークとは違って、ホップフィールドネットワークのみならずフィードバックループをもつニューラルネットワークでは、単に一度だけ信号をたどってゆくだけでは、ニューロンの状態は決定できません。あるニューロンにおいて、時刻 t における入力の信号 $x_i(t)$ を用いて、その次の時刻 $t+1$ における入力の信号 $y(t+1)$ は、次式で表されます。

$$u_j = \sum_i w_{ij} x_i(t),\quad y_j(t+1) = f(u_j)$$

その結果として、$y_j(t+1)$ を入力にもつニューロンの状態も順々に変わってゆきますので、最終的な定常状態に達するためには、時間的に何度もこの式を計算しなければなりません。場合によっては、ひとつの定常状態にならずに、いくつかの定常状態を振動することになったり、永遠にランダムに変化し続けるカオスになったりすることもあります。これらの変化を、ニューラルネットワークのダイナミクスといいます。

学習させるときには、定常状態に達したあとに、シナプスの結合強度の変化を考えます。すなわち、ニューラルネットワークが定常状態に達するまでの時間と、シナプスの結合強度が変化する時間と、ふたつの時間のスケールがあることになります。通常は前者はたいへん速く、一瞬であると考えてよく、いっぽう後者はある程度の時間がかかります。人間が何かの記憶を思い出すのは一瞬ですが（歳をとるとそうもいかなかったりしますが）、いっぽう何かを記憶するにはかなりの時間がかかることに対応するでしょう。

また、ホップフィールドネットワークでは、パターンの一部を入力して、ダイナミクスの結果として、パターンの全体を想起することに、しばしば用いられます。このため、ホップフィールドネットワークは、自己想起型連想記憶と呼ばれるもののひとつに分類できます。

次図は、ホップフィールドネットワークのダイナミクスの例です。In1とIn2とその下の2つのニューロンには固定パターンを入力し、Out1とOut2には初期値としてともに0を入力します。次の時刻にはOut1=−1, Out2=+1となり、さらに次の時刻にはOut1=−1, Out2=−1となり、これで定常状態となりました。実はこれはOut1はAND論理で、Out2はOR論理になっています。ニューロンの発火を+1、静止を−1とし、シナプスの結合強度の初期値はある程度ランダムなものとし、シナプスの接続するふたつのニューロンが同じ状態なら接続強度を強くし、違う状態なら弱くして、学習を行ったものです。

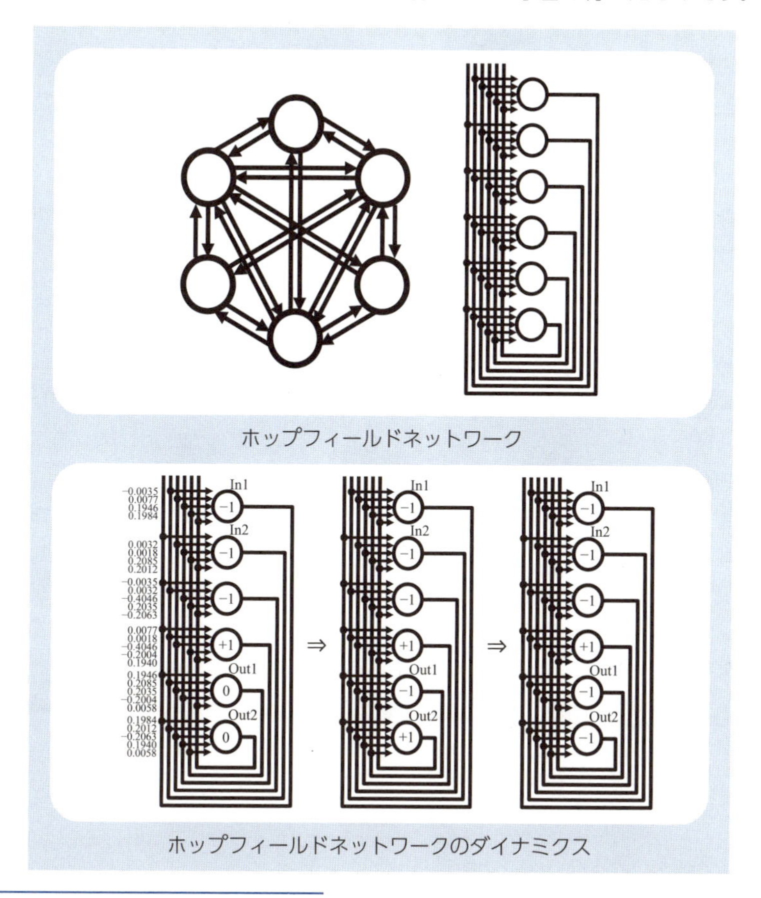

ホップフィールドネットワーク

ホップフィールドネットワークのダイナミクス

ホップフィールドネットワーク：J. J. Hopfield and D. W. Tank, Computation of Decisions in Optimization Problems, Biol. Cybern. 52, 141, 1985. J. J. Hopfield and D. W. Tank, Science 233, 625, 1986.

2-10 セルラニューラルネットワーク

ホップフィールドネットワークは、ソフトウェアとしてプログラミングで実現することは可能ですが、生体の神経回路では、すべてのニューロンが双方向に結合するなどあり得ません。また、ハードウェアで実現することは、前頁の図から想像できるように、ニューロンの数が増えてゆくと、遠くに離れて配置されたニューロンのあいだにきわめて長い配線を引く必要があり、やはり不可能に近いと思われます。

「セルラニューラルネットワーク（Cellular neural network）」は、あるニューロンは近隣のニューロンのみと接続しているニューラルネットワークです。オートマトンについてご存じのかたでしたら、オートマトンの概念にも近いニューラルネットワークであると感じられるでしょう。長い配線は不要となり、ハードウェアすなわち集積回路で実現するのに適したニューラルネットワークです。特に現在の集積回路の主流である 2 次元で高集積度の LSI に適しています。

生体の神経回路は 3 次元の空間で自ら成長して形成されることもあり、ひとつのニューロンあたり数千から数万のシナプスを持ちますが、セルラニューラルネットワークでは 2 次元の LSI ですと、少ないものですと数個、多くてもせいぜい百個のオーダーでしょう。いっぽう比較的にニューロンの数は多くすることができますので、ホップフィールドネットワークなどの従来のニューラルネットワークに対して、セルラニューラルネットワークは、ニューロンとシナプスの数の比がかなり異なるニューラルネットワークとなります。このため、新たなニューラルネットワークとして、今後の理論的および実験的な研究開発が必要と思われます。

実は、生体の網膜は、セルラニューラルネットワーク的なものであることがわかっています。水晶体を通して結像された光は、かん体細胞（明暗を感じる）や錐体細胞（色を感じる）といった視細胞で受け取られて、電気信号へと変換されます。そして、双極細胞・水平細胞・アマクリン細胞などが、一種のセルラニューラルネットワークとして、画像処理的な機能を果たします。そのあと、神経節細胞を通じて、大脳の視覚中枢へと情報が送られます。大脳の視覚中枢にも、セルラニューラルネットワーク的な構造があることが知られています。

セルラニューラルネットワーク：L. O. Chua, Cellular Neural Networks: Theory, IEEE Trans. Circuits Syst., 32, pp. 1257, 1988.

網膜の構造と機能：甘利 俊一、脳型コンピュータの実現に向けて 脳を知り、脳を創る、サイエンス社、2003.

人工網膜：太田 淳、CMOS イメージセンサの最新動向―高性能化、高機能化から応用展開まで―、シーエムシー出版、2007.

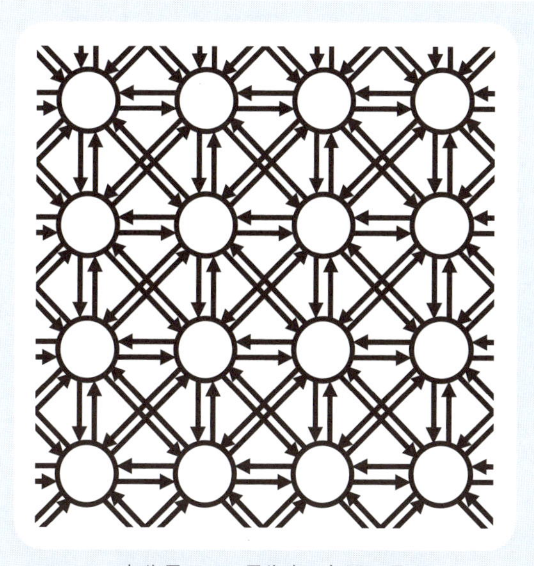

セルラニューラルネットワーク

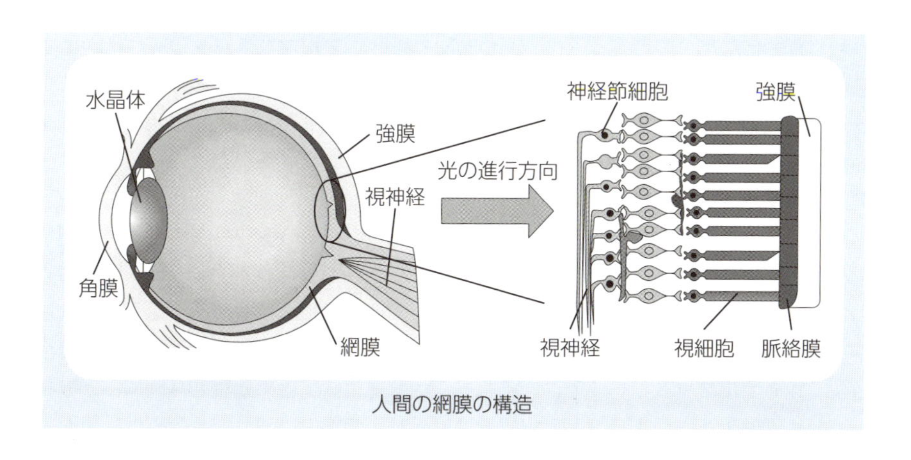

人間の網膜の構造

2-11 リカレントニューラルネットワーク

相互結合型ニューラルネットワークのうち、すべてのニューロンが双方向に結合してシナプスの結合強度が対称的となっているものが、ホップフィールドネットワークで、また、あるニューロンは近隣のニューロンのみと接続しているニューラルネットワークが、セルラニューラルネットワークでした。さらにより一般的に、非対称なフィードバックループを持つニューラルネットワークが、「リカレントニューラルネットワーク（Recurrent Neural Networks）」です。ただし、リカレントニューラルネットワークでは、時間ステップごとの変化を利用することが多いのが特徴的です。Recurrentは「回帰」というような意味です。

このようにリカレントニューラルネットワークを定義すると、とにかくたくさんの種類のものが考えられますが、実際の利用を想定して、いくつかの代表的なリカレントニューラルネットワークがあります。そのひとつである、エルマンネットワーク（Elman Network）では、右頁の左上図のように、入力層は、通常の入力ニューロンと、隠れニューロンのひとつ前の状態を保存する履歴ニューロンから成ります。なおここでは、入力ニューロン・隠れニューロン・出力ニューロンが簡単のためひとつずつ書かれていますが、一般的にはそれぞれ複数あり、隠れニューロンが複数ならば、すべてにある必要はないかもしれませんが、履歴ニューロンも複数あります。エルマンネットワークは主に文章の処理に用いるニューラルネットワークとして使われてきたため、履歴ニューロンは文脈ニューロンと呼ばれることが多いです。ジョーダンネットワーク（Jordan Network）も同様に履歴ニューロンを持ちますが、隠れニューロンではなく出力ニューロンのひとつ前の状態を保持するものです。

エルマンネットワークを用いて、リカレントニューラルネットワークの動作を説明します。$t=0$において、隠れニューロンの状態は履歴ニューロンに保存され、$t=1$において、入力ニューロンとともに履歴ニューロンの状態がニューラルネットワークに入力すなわち回帰されます。これを続く時間ステップごとに繰り返してゆきます。前ページまでの相互結合型ニューラルネットワークでは、これらの状態変化は実際の連続的な時間、すなわち、ハードウェアのニューラルネットワークでは回路動作時間、ソフトウェアでは計算収束時間に対応していましたが、リカレントニューラルネットワークではこれらの状態変化はデジタル的な時間ステップごとに変化してゆくと考えることができるでしょう。

リカレントニューラルネットワークは、文章の処理で、能力を発揮します。文章は、単語が順々に並んだものですので、時間ステップごとに次の単語を入力してやると、何らかの文章の意味を出力するリカレントニューラルネットワークが、文章の処理のためのニューラルネットワークとして期待されています。

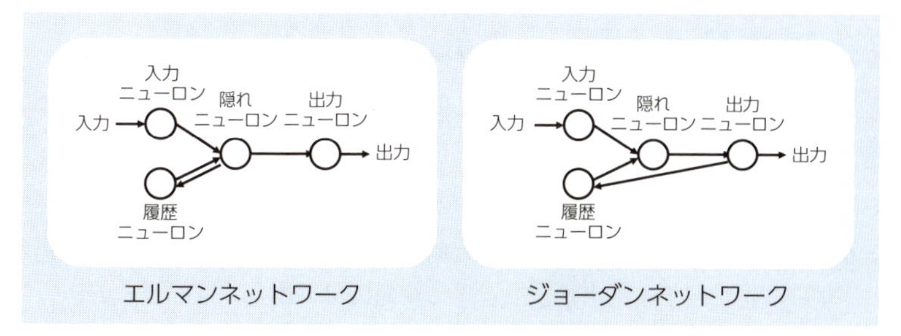

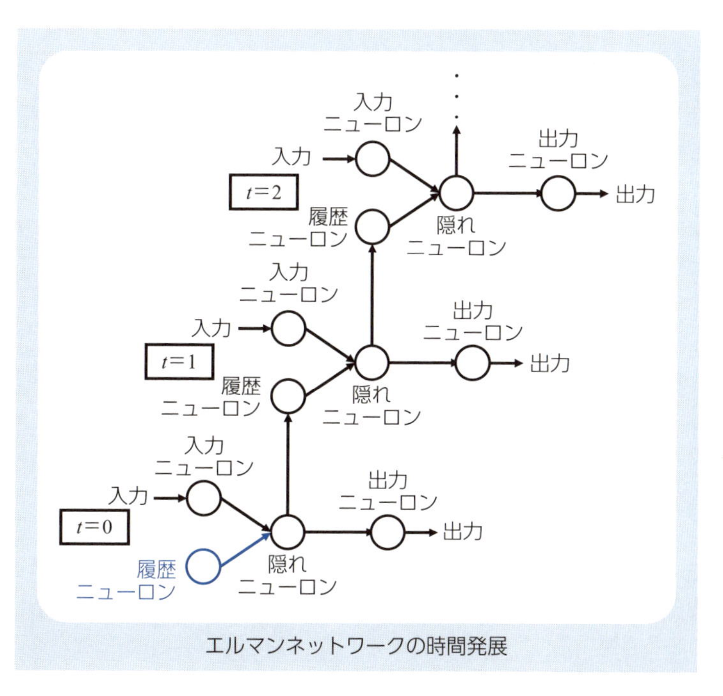

エルマンネットワークの時間発展

2-12 畳み込みニューラルネットワーク

畳み込みニューラルネットワーク（Convolutional neural network）とは、主に画像認識に用いられるニューラルネットワークで、２次元のデータを入力層から１層目または数層目までは２次元のままで処理する方法です。ある２次元の平面の１点のデータに対して、２次元の平面において近傍のデータとの演算をとる、すなわち畳み込みの処理をするものです。画像処理におけるさまざまなフィルタ処理に対応します。３次元以上のデータに適用することもできるでしょう。構造的には、この部分だけなら、セルラニューラルネットワークを適用するのが妥当でしょう。

たとえば、右頁の上図の「3」は、場所がすこしズレているだけで、ヒトの目にはどちらも３に見えますが、データにして並べてみると、実に５×５＝25画素に対応する25個のデータのうち、11個すなわち半分近くが異なっています。ここではやはり並べたあとも少しズレているだけですので、ハミング距離という概念を使えば、似たパターンだということはわかるのですが、これを一般の画像に適用しようと思うと、アルゴリズムはたいへん複雑になります。そこで、畳み込みニューラルネットワークの畳み込みの処理が有用となります。この例では、画像をすこしぼかす、すなわち平滑化フィルタを使えば、おおよそ同じような画像になります。

畳み込みの処理すなわちフィルタ処理の方法は、一般的に次式で表されます。ここで、$s(x+i, y+j)$ は元画像の画素信号（輝度）、$a(i, j)$ はフィルタ処理を特徴づける処理係数、$s'(x, y)$ は新画像の画素信号（輝度）を表しています。

$$s'(x,y)=\sum_{i,j}a(i,j)s(x+i,y+j)$$

i と j の範囲については任意性があり、ゼロすなわち元画像の自分自身の画素しか考慮しない場合から、全画像範囲のたとえば平均をとる場合などまで考えられます。i と j の範囲が同じである必要もなく、また中心 $(0, 0)$ から一定の距離の範囲までをとることもあるでしょう。処理係数 $a(i, j)$ は、フィルタ処理ごとによって異なり、単なる i と j の関数で表される場合から、周辺の画素の情報も含んだ複雑なもので表されることもあります。以下に、いくつかの代表的なフィルタ処理について、処理係数を列挙します。

［2階調化］

「2階調化」は、通常は自分自身の画素輝度のなかのみで行われますので、前記の一般的な式が、次のように書き換えられます。

$$s'(x,y)=af\left(s(x,y)-s_{th}\right)$$

ここで、f は階段関数、s_{th} は２階調化の閾値輝度、a は階調数です。$s(x, y)>s_{th}$ ならば最大階調となり、$s(x, y) < s_{th}$ ならば最小階調となります。特に文字認識などには効果的なことも多いフィルタ処理です。

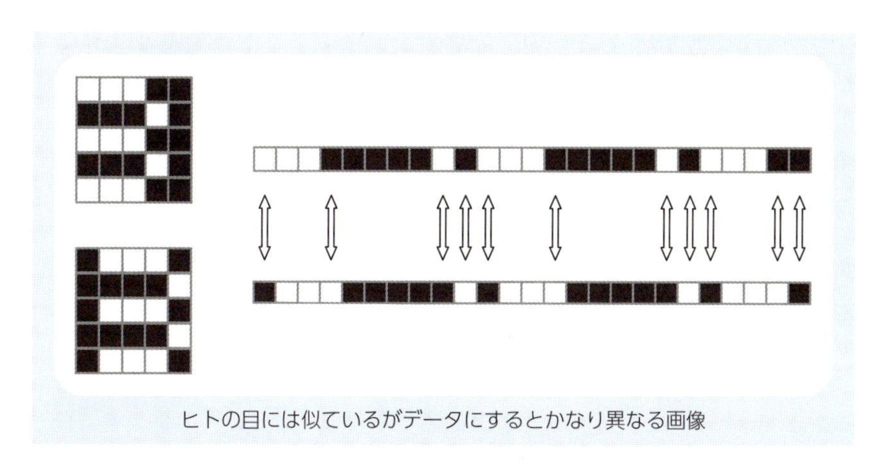

ヒトの目には似ているがデータにするとかなり異なる画像

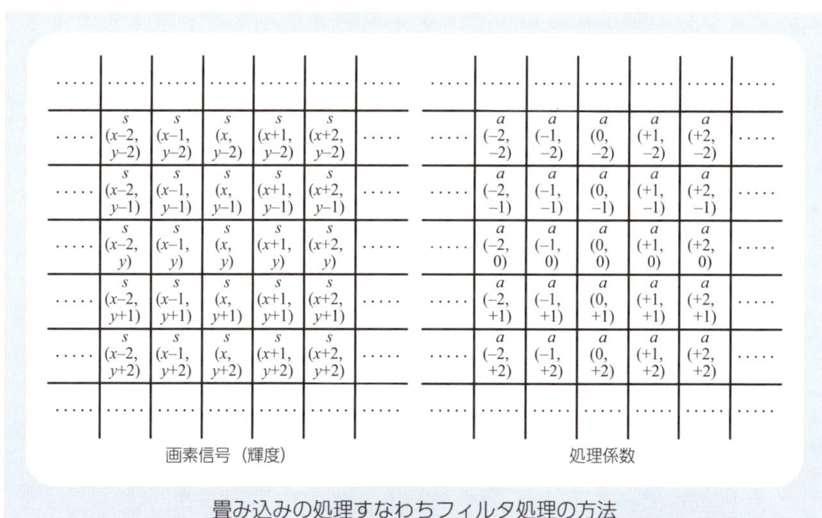

畳み込みの処理すなわちフィルタ処理の方法

ハミング距離：谷口忠大、イラストで学ぶ人工知能概論、講談社、2014.

[ぼかし]

「ぼかし」は、周辺の画素輝度との平均をとります。周辺の数画素の単純な平均をとるものや、重みづけをしながら平均をとるものなどがあります。重みづけのしかたにもいろいろありますが、ガウス分布（中心からの距離で指数関数的に減衰する分布）やそれを簡略化した分布などもしばしば使われる一例です。

[輪郭抽出]

画素輝度の急激な変化があるところを取り出すと、輪郭抽出あるいはエッジ検出と呼ばれるフィルタ処理となります。応用例として、特定の色の輝度の変化や、色合いの変化などを取り出すこともできるでしょう。その方法は、まずは少し式を書き換えて、以下のようなものが挙げられます。

$$s'(x,y) = a\left(\max\left(s\left(x+i, y+j\right)\right) - \min\left(s\left(x+i, y+j\right)\right)\right)$$

ここで、$\max(s(x+i, y+j))$ は i と j の範囲における $s(x+i, y+j)$ の最大値、同じく $\min(s(x+i, y+j))$ は i と j の範囲における $s(x+i, y+j)$ の最小値、a は強調の係数となります。局所的な範囲での画素輝度の最大値と最小値の差を求めるということは、すなわち画素輝度の急激な変化を取り出すことになり、輪郭抽出が実現できます。より高度に、微分により画面輝度の傾斜をとることも考えられます。

特定の方向すなわち横線・縦線・斜線などを抽出するには、ソーベルフィルタというものを使います。右頁の上図の横線の抽出の処理係数では、最上列の画素輝度が小さく、最下列の画素輝度が大きいとき、新画像の画素輝度として大きな値が得られます。縦線の抽出も、斜線の抽出も同様です。

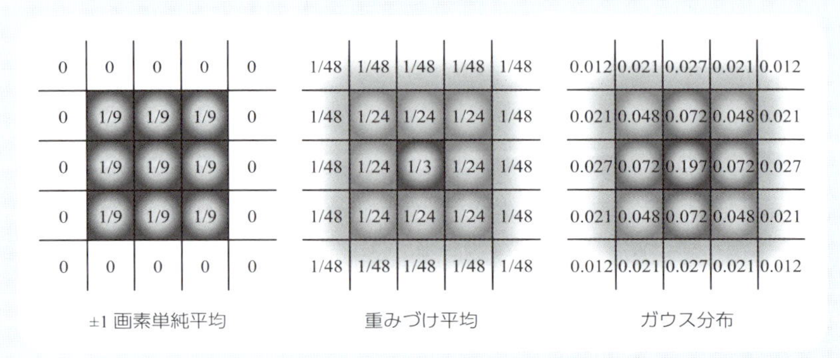

0	0	0	0	0
0	1/9	1/9	1/9	0
0	1/9	1/9	1/9	0
0	1/9	1/9	1/9	0
0	0	0	0	0

±1 画素単純平均

1/48	1/48	1/48	1/48	1/48
1/48	1/24	1/24	1/24	1/48
1/48	1/24	1/3	1/24	1/48
1/48	1/24	1/24	1/24	1/48
1/48	1/48	1/48	1/48	1/48

重みづけ平均

0.012	0.021	0.027	0.021	0.012
0.021	0.048	0.072	0.048	0.021
0.027	0.072	0.197	0.072	0.027
0.021	0.048	0.072	0.048	0.021
0.012	0.021	0.027	0.021	0.012

ガウス分布

ぼかしフィルタ処理に対する処理係数

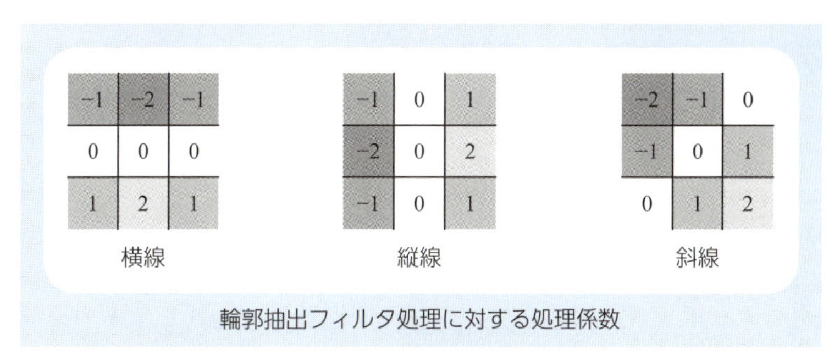

輪郭抽出フィルタ処理に対する処理係数

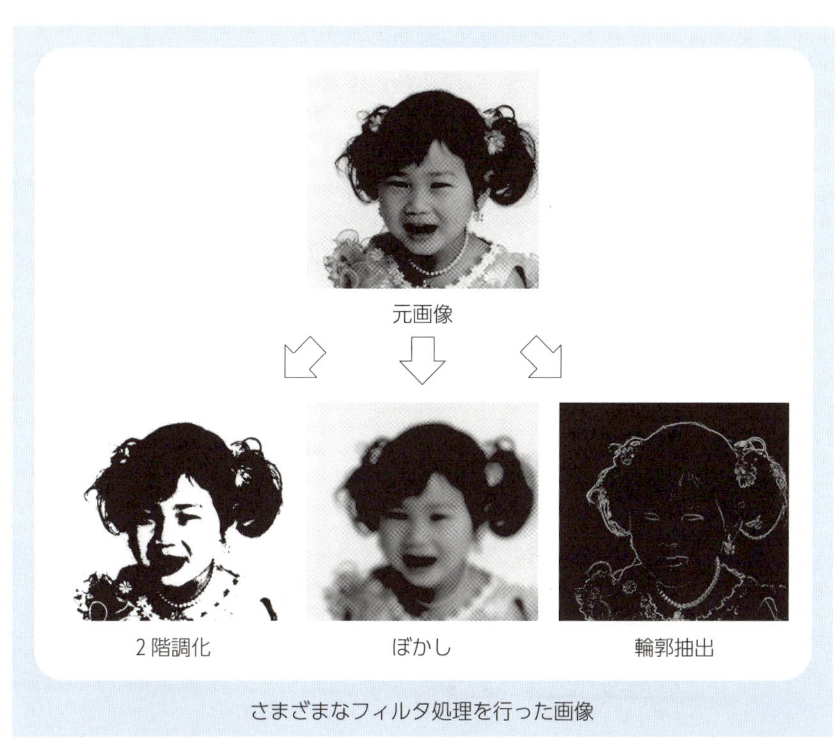

さまざまなフィルタ処理を行った画像

2-13 ディープラーニング

「ディープラーニング（Deep Learning）」は、日本語では「深層学習」と呼ばれています。広義のディープラーニングは、単なる多層構造のニューラルネットワークのことで、単なる多層構造のフィードフォワードネットワーク、リカレントニューラルネットワーク、畳み込みニューラルネットワークなどを含みます。

単なる多層構造のニューラルネットワークは、ここまで詳しく説明してきたもので、バックプロパゲーションなど理論的にたいへん深く研究されてきています。線形分離不可の論理の学習ができないなどの問題も指摘されましたが、隠れニューロンの導入などでさまざまな発展がみられ、広く汎用のニューラルネットワークとなっています。

リカレントニューラルネットワークは、フィードバックループを持ち、時間ステップごとの変化を記憶するニューラルネットワークでした。単語が順々に並んだ文章の処理、すなわち、後述の自然言語処理に適したニューラルネットワークです。

畳み込みニューラルネットワークは、２次元的な処理をすることで、文字認識や画像処理に適したニューラルネットワークでした。畳み込みの処理は、画像技術におけるフィルタ処理にあたります。畳み込みニューラルネットワークは、後述の狭義のディープラーニングの前処理として、しばしば組み合わせて用いられます。

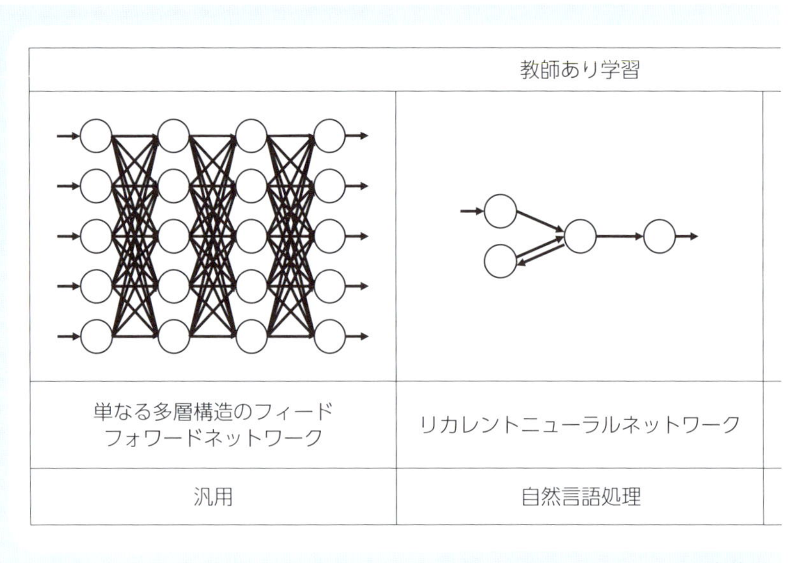

狭義のディープラーニングは、特にその学習のアルゴリズムに特色があります。すなわち、後述しますが、オートエンコーダを学習原理とし、少層構造での学習を繰り返して、多層構造を作ってゆきます。以降はこの狭義のディープラーニングを単にディープラーニングと呼びます。第3次の人工知能のブームは、このディープラーニングによるところが大きいとされていますが、ディープラーニングの実現は、多層構造のニューラルネットワークということで、大量の計算が必要とされますので、ハードウェアの進歩によりもたらされたとも言えます。

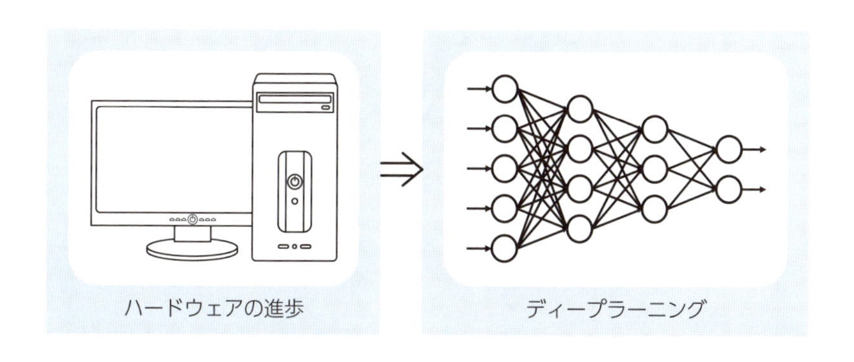

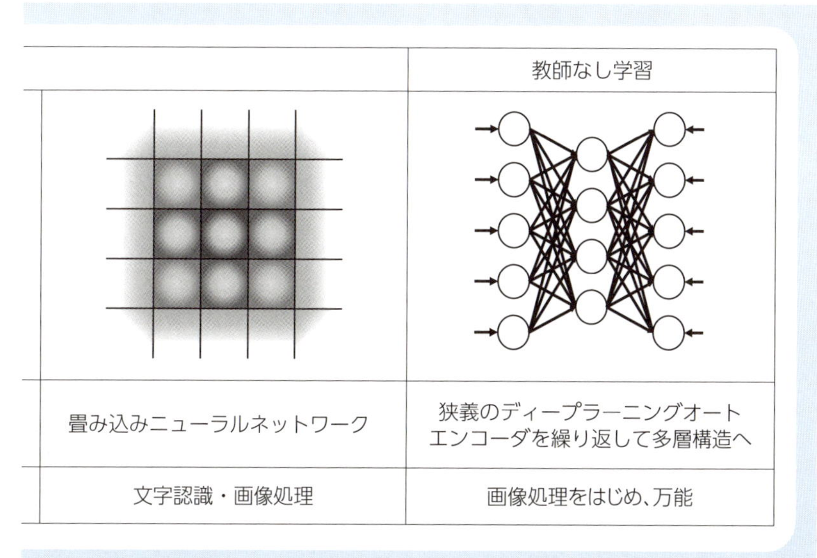

教師なし学習
畳み込みニューラルネットワーク
狭義のディープラーニングオートエンコーダを繰り返して多層構造へ
文字認識・画像処理
画像処理をはじめ、万能
ディープラーニング

多層構造のニューラルネットワークによれば、より高度な機能が搭載できることは、直感的にも理解できると思いますが、シナプスの結合強度を、どのように決めてやればよいかということが課題でした。バックプロパゲーションでは、出力層に近いところではシナプスの結合強度は効率的に変化させることができますが、出力層から遠いところでは出力誤差が伝達されるうちに平均化されて薄まってしまい、シナプスの結合強度は効率的に変化させることができません。これを解決したのが、ディープラーニングの学習のアルゴリズムです。

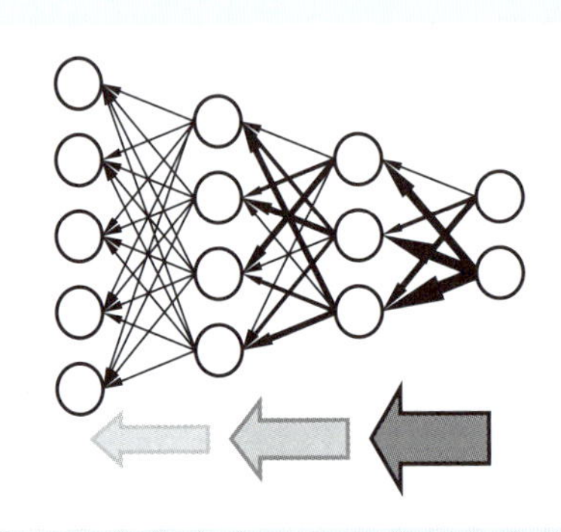

多層構造のニューラルネットワークのバックプロパゲーション
出力層から遠いところでは出力誤差が伝達されるうちに平均化されて薄まってしまい、シナプスの結合強度は効率的に変化させることができない

典型的なディープラーニングの学習のアルゴリズム、特によくパターン認識に用いられているアルゴリズムを説明します。初めに、右図のとおり、3 層構造で、入力層と出力層のニューロンの個数が同じニューラルネットワークをつくります。シナプスの結合強度としては、あらかじめなんらかの初期値を設定しておきます。そして、入力層へ入力信号 x_i を入力して、フィードフォワードで計算すれば、出力信号が得られます。いっぽう、教師信号は、入力信号 x_i と同じものだとします。そして、出力信号が入力信号と同じになるように、バックプロパゲーションを試みて、それらが一致するまで繰り返します。このように、入力層への信号と教師信号を同じ入力信号とするニューラルネットワークは、オートエンコーダ（Autoencoder）と呼ばれます。3 層構造のニューラルネットワークですので、バックプロパゲーションにより、シナプスの結合強度の変化は、サクサクと進みます。こうしてえられた隠れ層の状態を、y_i とします。

次に、やはり 3 層構造のニューラルネットワークをつくり、入力層と教師信号にともに先ほどの隠れ層の状態 y_i を入れます。ふたたび 3 層構造のニューラルネットワークですので、バックプロパゲーションにより、シナプスの結合強度の変化は、サクサクと進みます。これを繰り返します。最後に、順々に得られたシナプスの結合強度を用いて、多層構造のニューラルネットワークのできあがりです。隠れ層の総数は、数十層から百層を超える場合もあります。

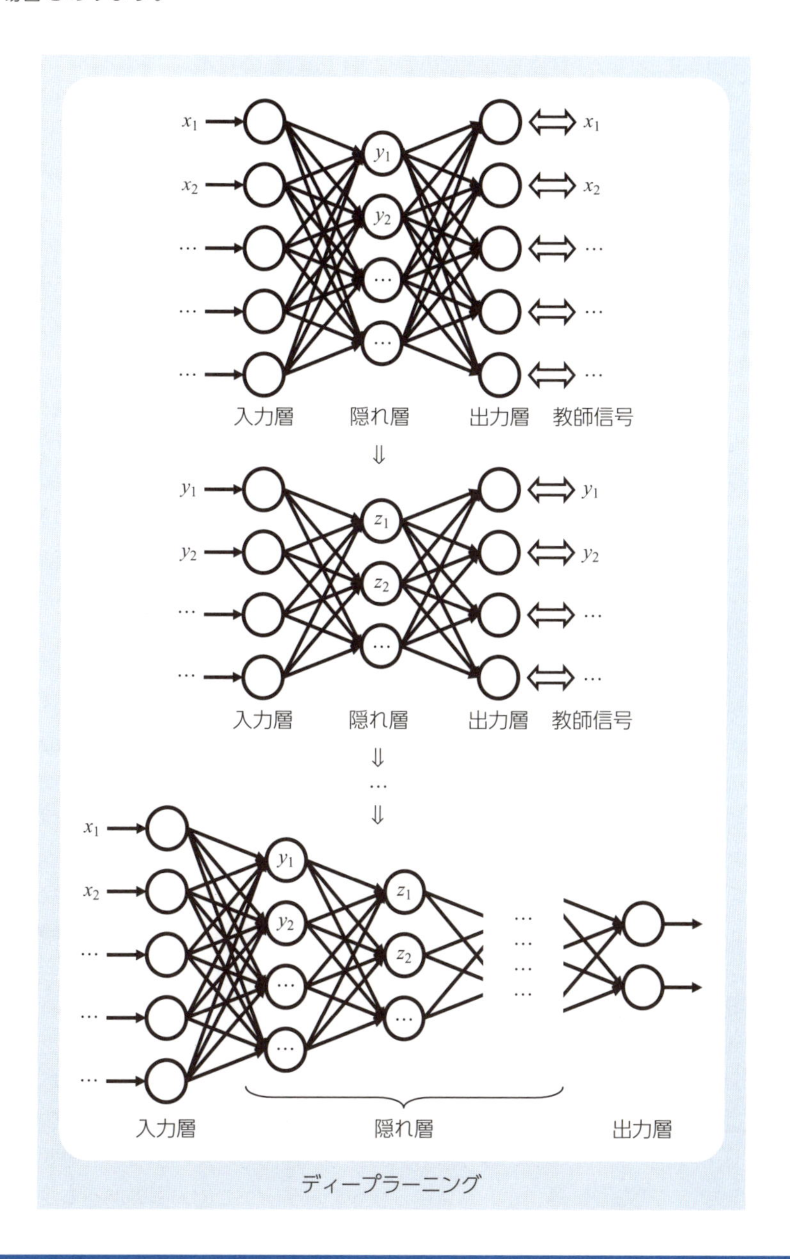

ディープラーニング

このディープラーニングの学習のアルゴリズムの特長は、入力信号の特徴量を、隠れ層において、自動的に検出していけることにあります。これについて、具体例を用いて説明します。なお、説明のためにかなり簡略化したもので、幸運に得られた結果もあり、実際のディープラーニングは通常はもっとはるかに大規模なものです。

例として、右図のとおり、入力層が16個のニューロンから成り、入力層と隠れ層と出力層が合わせて7層の多層構造のニューラルネットワークを作ってみました。ここでは、発火=+1、静止=−1として、シナプスの結合強度は正負の両方の極性を許し、初期値は乱数で与えます。学習のパターンとして、A, B, C, Dの4種類のパターンを準備しました。なお、上側の4入力と下側の4入力は常に静止状態としており、こういったある程度の対称性の破れを作っておくことは、学習のフレキシビリティを上げるために必要です。実際に試してみると、このパターンが必要であることを体感できると思います。真ん中の入力パターンは、パターンAが、静止・発火・静止・発火のひとつ毎の繰り返し、パターンBはその反転、パターンCが、静止・静止・発火・発火のふたつ毎の繰り返し、パターンDはその反転です。

ここでは、7層ですので、6回のオートエンコーダの学習で、学習が完了します。なお、ここでは、オートエンコーダの左右において、対応するシナプスの接続強度は同じであるとする、Tied weightという仮定を用いています。同じにしないUntied weightという仮定もあります。学習の結果として得られたシナプスの結合強度を、右図では、極性がプラスならば黒色、マイナスならば灰色の線で示し、結合強度を線の太さで示しています。

そして、想起として、4種類のパターンを入力すると、出力層のあるニューロンで（右図では「特徴抽出」と示しています）、パターンAとパターンBでは静止、パターンCとDでは発火が得られました。これはすなわち、このニューロンが、「ひとつ毎の繰り返し」と「ふたつ毎の繰り返し」を、どちらが発火でどちらが静止であるかにかかわらず、区別できていることを示しています。注目すべきは、これらの区別は、私たちがあらかじめ指示したものではないということです。ディープラーニングがオートマティックに入力パターンの特徴を抽出したといえます。ちなみに、ほかのニューロンも、何らかの特徴を抽出していることになりますが、それが入力パターンから簡単に想像できるものかどうかはわかりません。

さらに興味深いのは、学習に使わなかったパターンEとパターンFを入力するときです。これらは1入力ずれていますが、「ふたつ毎の繰り返し」です。特徴抽出のニューロンは、これらのパターンEとパターンFについても、「ふたつ毎の繰り返し」と判断しています。逆に言えば、この結果から、このディープラーニングで、学習に使ったパターンから拡張して、より一般的に「ふたつ毎の繰り返し」の特徴が抽出できたということです。

読者のみなさまのなかには、これは単に6種類のパターンで出力層のあるニューロンが偶然に特定の出力をした、と考えられるかたもおられるかもしれません。でもそれでよいのです。より大規模にすれば、数万種類のパターンで出力層のあるニューロンが特定の出力をするようになれば、それはすなわち数万種類のパターンに共通の特徴抽出をしていることになります。

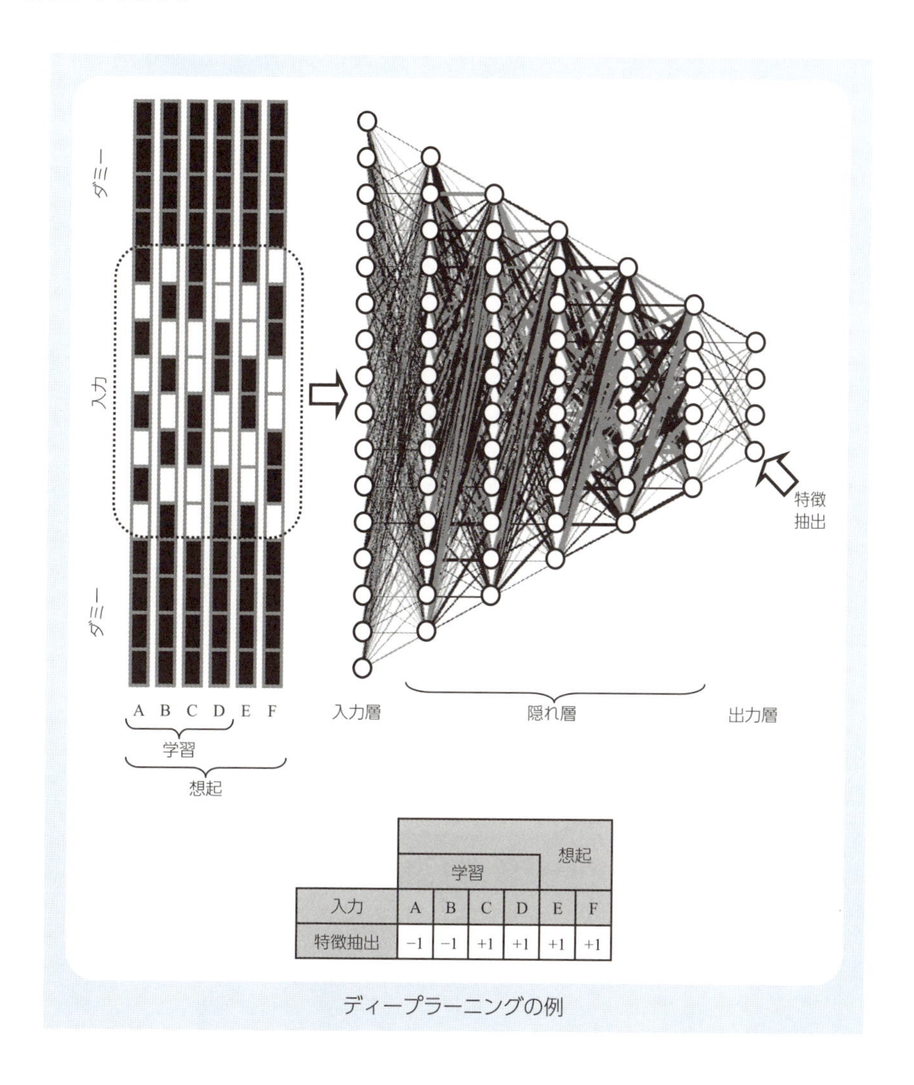

	想起					
	学習					
入力	A	B	C	D	E	F
特徴抽出	−1	−1	+1	+1	+1	+1

ディープラーニングの例

前ページまでを読んでいただければ、簡単で基本的なディープラーニングのプログラムは書けるようになるでしょう。しかしながら、より複雑で、かつ柔軟で、操作は簡便で、コンピュータに実装したときにその特性を最大限に生かすようなプログラムを、一から作成するのはちょっとたいへんです。そこで世の中には、ディープラーニングのフレームワーク、なるものが公開されていて、これを使えば比較的手軽にディープラーニングを扱うことができます。ここでは、いくつかのディープラーニングのフレームワーク、すなわち、Caffe, Theano/Pylearn2, Cuda-Convnet2, Torch7, Chainer について、紹介します。

Caffe は、ディープラーニングのフレームワークの代表的な存在で、Berkeley Vision and Learning Center（UC Berkeley）が開発し、C++・Python で動作し、画像認識を専門分野としています。ここでの画像認識は、たとえば、料理の画像を入力したら、「カルボナーラ」というパスタの種類まで認識する、というものです。

Theano/Pylearn2は、Theano という数値計算のライブラリで動く Pylearn2というディープラーニングのフレームワークで、ニューラルネットワークのパッケージとしては主流だとされています。Cuda-Convnet2は、NVIDIA のツールの CUDA を用いる畳み込みニューラルネットワークのフレームワークです。Torch7は、Facebook や Google がサポートしていて、注目を集めています。Chainer は、最近発表された国産で人気のディープラーニングのフレームワークです。

カルボナーラ	72％
ソーセージ	43％
ソース	14％
食器	8％

画像認識の例

ディープラーニングのフレームワーク	Caffe	Theano/ Pylearn2	Cuda- Convnet2	Torch7	Chainer
開発元	Berkeley Vision and Learning Center (UC Berkeley)	LISA lab (Universite de Motrial)	Alex Krizhevsky	Ronan Collobert Facebook, Google	Preferred Networks, inc
公式Webサイト	http://caffe.berkeleyvision.org/	http://deeplearning.net/software/theano/ http://deeplearning.net/software/pylearn2/	https://code.google.com/p/cuda-convnet2/	http://torch.ch/	http://chainer.org/
プログラミング言語	C++, Python	Python	C++, Python, CUDA	C, Lua	Python
得意分野	画像認識	一般	畳み込みニューラルネットワーク	一般	一般

ディープラーニングのフレームワーク

ディープラーニングのフレームワーク：比戸将平、国産の深層学習フレームワーク「Chainer」を試す、人工知能アプリケーション総覧、pp.178、日経BP社、2015

2-14　遺伝的アルゴリズム

ここからは、遺伝的アルゴリズムとオートマトンという、人工知能に深く関係はしていますがニューラルネットワークやディープラーニングとは異なる分野の説明をします。ただし、ニューラルネットワークやディープラーニングにまったく応用できないわけではなく、たとえば遺伝的アルゴリズムでは、うまくコーディング（後述）すれば、それらに組み込むことも可能です。

遺伝的アルゴリズム（Genetic Algorithm）は、環境に適応しながら進化してきた生命の遺伝のメカニズムを模倣して、組み合わせ問題の準最適解を、実用的な時間内に発見するためのアルゴリズムです。生命がその誕生からこれまで滅ぶことなく生き残ってきたことが、遺伝的アルゴリズムの効果の裏付けとなっています。

はじめに、解くべき問題を、遺伝子型、すなわち数字の列に対応させます。これを、コーディングといいます。生命のDNAはアデニン・グアニン・チミン・シトシンの4種類の塩基ですが、遺伝的アルゴリズムのコーディングでは、もちろんそのような制約はありません。右頁の上図はエンドウマメ（遺伝学でメンデルにあやかって）の例で、そのさまざまな形態をコーディングしています。ここで注意したいのは、たとえば「豆の数」で、「3」や「4」を2進数にする必要はなく、「3」と「4」のみが発現するなら、それを「1」と「0」に割り当てるといったように、都合よくコーディングすればよいのです。なお、最近は、黒枝豆が人気のようです。

まず、多数のランダムな遺伝子型を用意して、これを初期の個体の集団とします。これを親世代の個体とし、問題の解となっているか評価し、偶然にも解となっている個体があればすぐに終了です。そうでなければ、適当に複数の個体を選択します。選択の方法にはいくつかありますが、概して評価の結果が良かったものを選択します。これは競争原理すなわち自然淘汰にあたります。それらからやはり適当に2個の個体を選んで、遺伝子を交叉させます。さらに、一定の確率で、突然変異を発生させます。こうして子世代の個体ができます。通常は、親世代の個体の数と子世代の個体の数は、同じにします。子世代の個体をあらためて親世代の個体とし、同じ操作を繰り返し、評価の結果で問題の解となっている個体があればすべて終了です。

交叉の方法には、一点交叉、多点交叉、一様交叉などがあります。一点交叉は、あるランダムな一点から以降の遺伝子を交換します。多点交叉は、ランダムな多点ごとに交換します。一様交叉は、通常はあらかじめ決めたパターンにしたがって交換します。ほかにもさまざまな交叉の方法が思いつくでしょう。交叉が少ないと、遺伝子の変化が少なくなり、準最適解へたどりつくのが遅くなる可能性があります。一方、交叉が多いと、せっかく自然淘汰で生き残った結果が効果的に残らなくなり、発散してしまう可能性があります。

よって、適度な交叉を選ぶ必要があります。

突然変異の方法は、単にある遺伝子を反転させるだけですが、その確率すなわち突然変異率を定めてやる必要があります。交叉で述べたことと同じ理由で、適度な突然変異率を選ぶ必要があります。

子世代の個体には、あらたな遺伝子を持つ個体だけではなく、評価の高かった親世代も残しておくと、自然淘汰がより効果的に利用できます。子世代の個体として全部入れ替えるものを、離散世代交代モデルといい、親世代の個体を残すものを、連続世代交代モデルといいます。

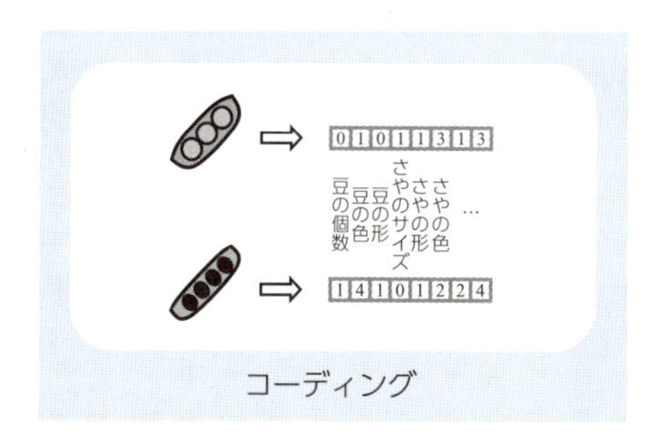

コーディング

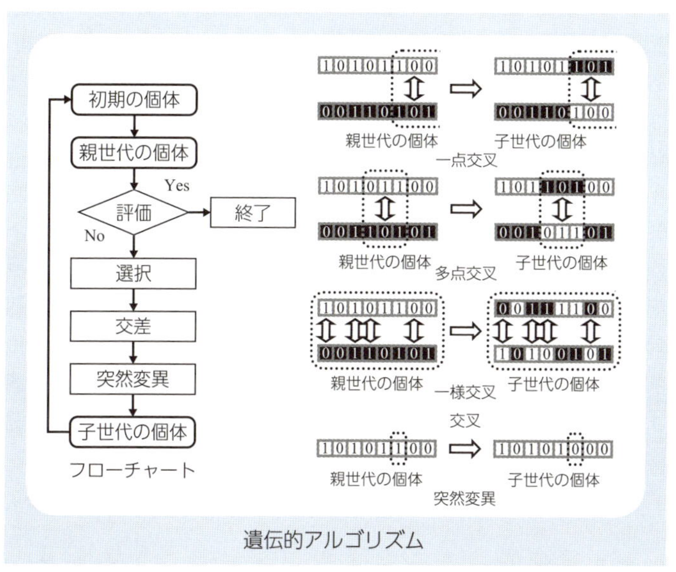

遺伝的アルゴリズム

遺伝的アルゴリズム：J. Holland, Adaptation in Natural and Artificial Systems, University of Michigan Press, Ann. Arbor, 1975

人工知能の分野で有名で歴史も古い、巡回セールスマン問題を、この遺伝的アルゴリズムで解いてみましょう。巡回セールスマン問題とは、セールスマンが複数の都市を１回ずつ巡回するときに、最短の移動距離を求める問題です。都市数が増加するとともに、その階乗として爆発的に組み合わせが増えますので、ここで例として考えるのに適しています。プリント基板に機械で孔開けするときなど、工業的な問題にも活かされます。

はじめに、コーディングとして、順序表現を用います。順序表現では、右頁の一番上の図のように、まず、都市のリストを用意します。ここでは、🄰🄱🄲🄳🄴です。順序表現の最初の数字は④なので、４番目の都市の🄳を最初に訪問します。🄳は訪問したので、都市のリストから外すと、は、🄰🄱🄲🄴となります。順序表現の２番目の数字は②なので、２番目の都市の🄱を次に訪問します。これを繰り返して、すべての都市を訪問できます。順序表現では、前述の交叉の操作が可能となりますので、巡回セールスマン問題を遺伝的アルゴリズムで解く際に適したコーディングです。

ここでは、ランダムな位置にある10個の都市を考えました。まず、10個のランダムな遺伝子型を、初期の個体の集団としました。これを親世代の個体とし、都市の巡回の総距離をそれぞれ計算して、総距離が短いものから３個体を選択しました。この３個体は連続世代交代モデルとして、そのまま子世代にも使います。その３個体からランダムに２個体を選び、さらにランダムに交叉位置を決め、一点交叉を行ったのち、突然変異確率0.3で突然変異を起こさせて、追加の子世代の７個体を作成しました。あわせて10個体となった子世代をあらためて親世代とし、同じ操作を繰り返しました。繰り返しの回数すなわち世代交代数は、1000回としました。

初期の個体の集団や交叉や突然変異などはランダムであるので、一般に実行するごとに異なる結果が得られます。右頁の真ん中の図の、結果の例その１とその２は、そうして得られた異なる結果です。その１のほうは、それなりに効率的に巡回しているようですが、総距離は3.149で今回はこのローカルミニマムから抜け出せませんでした。一方、その２のほうは、それより短い総距離2.622が得られています。実は都市の数が10個程度ですと、総当たりの計算も容易で、すべての経路を評価した結果が下図で、遺伝的アルゴリズムによる結果の例その２は、完全な最適解となっています。このように、遺伝的アルゴリズムでは、あくまで準最適解であることは注意する必要があるでしょう。個々の問題に対して、完全な最適解を得る確率を高めるためのさまざまな研究がなされています。

順序表現：J. Grefenstette, R. Gopal, B. Rosmatia, and V. Gucht, Genetic Algorithms for the Traveling Salesman Problem, Proc. 1st ICGA, 1985

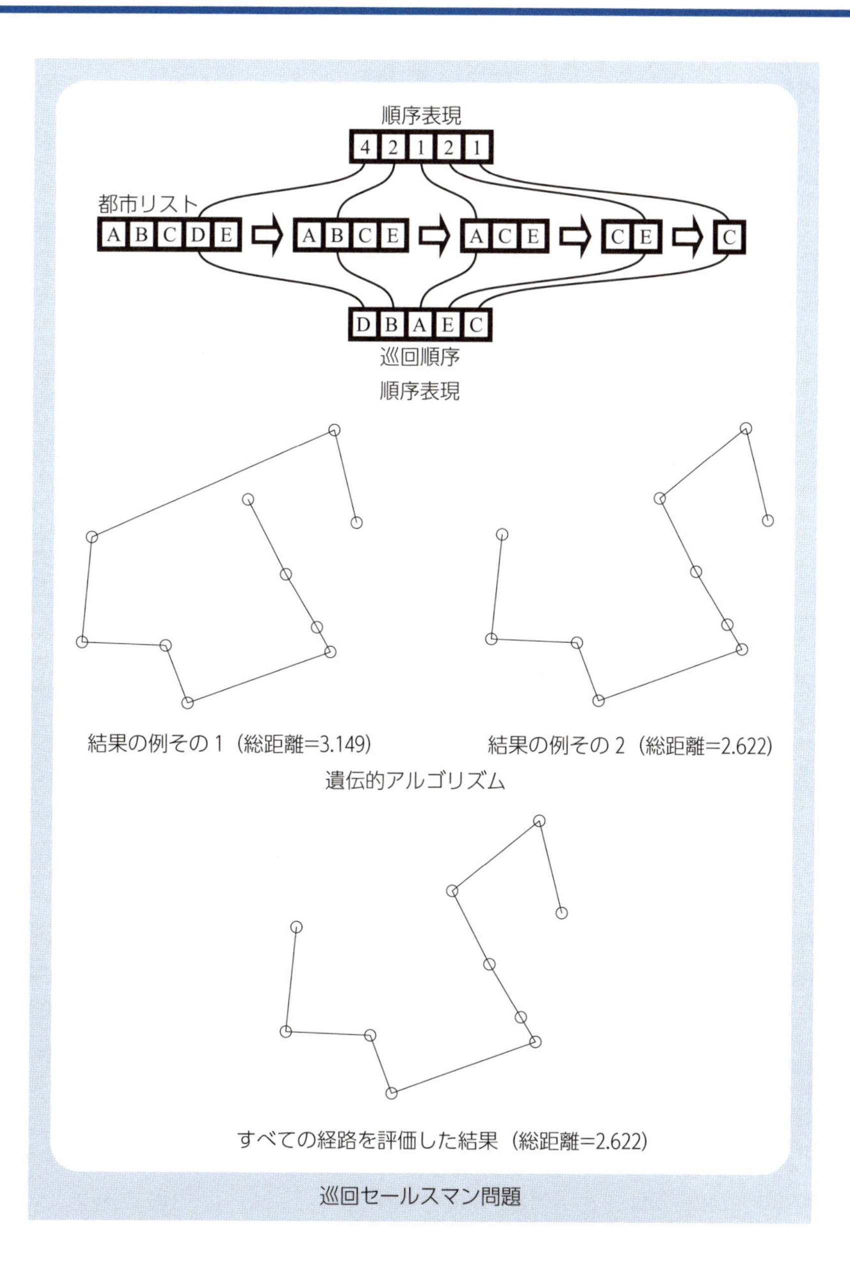
順序表現
4 2 1 2 1
都市リスト
A B C D E
A B C E
A C E
C E
C
D B A E C
巡回順序
順序表現
結果の例その１（総距離=3.149）
結果の例その２（総距離=2.622）
遺伝的アルゴリズム
すべての経路を評価した結果（総距離=2.622）

巡回セールスマン問題

2-15　オートマトン

「オートマトン（Automaton、複数形はオートマタ（Automata））」は、和訳すると「自動人形」となり、外部から何らかの情報が入力されると、内部に何らかの情報を保持し、外部に何らかの情報を出力するものです。実に広範な定義で、生命・機械・道具など、機能的なもののすべてが当てはまりそうで、実際こういったものをモデル化するのにしばしば用いられます。ただし、システム全体をひとつの要素として考えるのではなくて、個々の単純な機能ごとに分割した要素が、有機的に接続された構造を考えることになります。しばしば状態遷移図で説明されます。これは、いかにもニューラルネットワークと似ています。

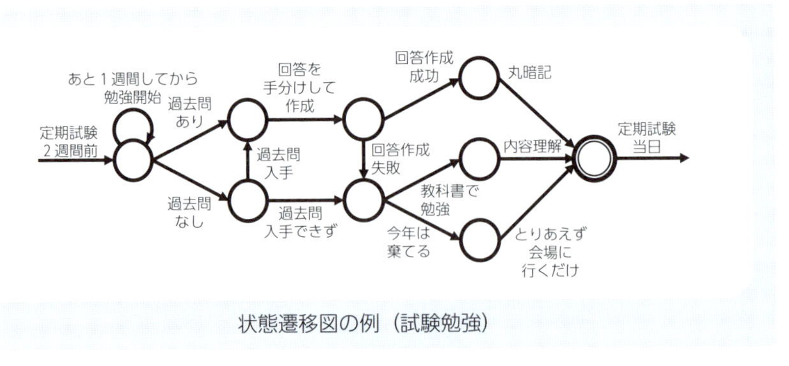

状態遷移図の例（試験勉強）

また、オートマトンのひとつに、「セル・オートマトン（Cellular Automaton）があります。セル・オートマトンでは、たとえば格子状のような単純な構造の繰り返しとしてセルを定義し、そのセルの周囲の情報から自分自身のセルの状態を変化させます。その変化の規則は単純なものが多いですが、セル・オートマトンの全体としては、きわめて複雑で多様な様相が得られることが、興味深いところです。物理学において、原子・分子・そのほかの粒子などをセルとみなして、結晶やそれに類する構造を形成したり、生物学において、文字どおり細胞や器官をセルとみなして、個体全体の動作を模したり、あるいはさらに個体をセルとみなして、群れや生態系を解析したり、またこれはコンピュータ上でライフゲームとして特に初心者のプログラミングの教材に適しているなど、さまざまな場面で使われています。

状態遷移図の例の図はその一例で、紙面でもわかりやすいように1次元のセル・オートマトンを示しています。上の8個のパターンがセルが従うルールで、隣接する3つのセルの状態に応じて、中央のセルが変化してゆきます。1次元の直線の中央に黒のセルを置き、その時間的変化を順々に下に書いてゆくと、シェルピンスキーのギャスケットとよばれるなんとも美しい図形が現れます。これはフラクタル図形の一種で、またフラクタルは自然のさまざまなスケールで現れる図形ですので、自然界の構造はセル・オートマトン的なはたらきで作られているのではと思わせられます。局所的で単純なルールで、グローバルで複雑でかつ規則的なパターンが現れるのはたいへん興味深いことでしょう。

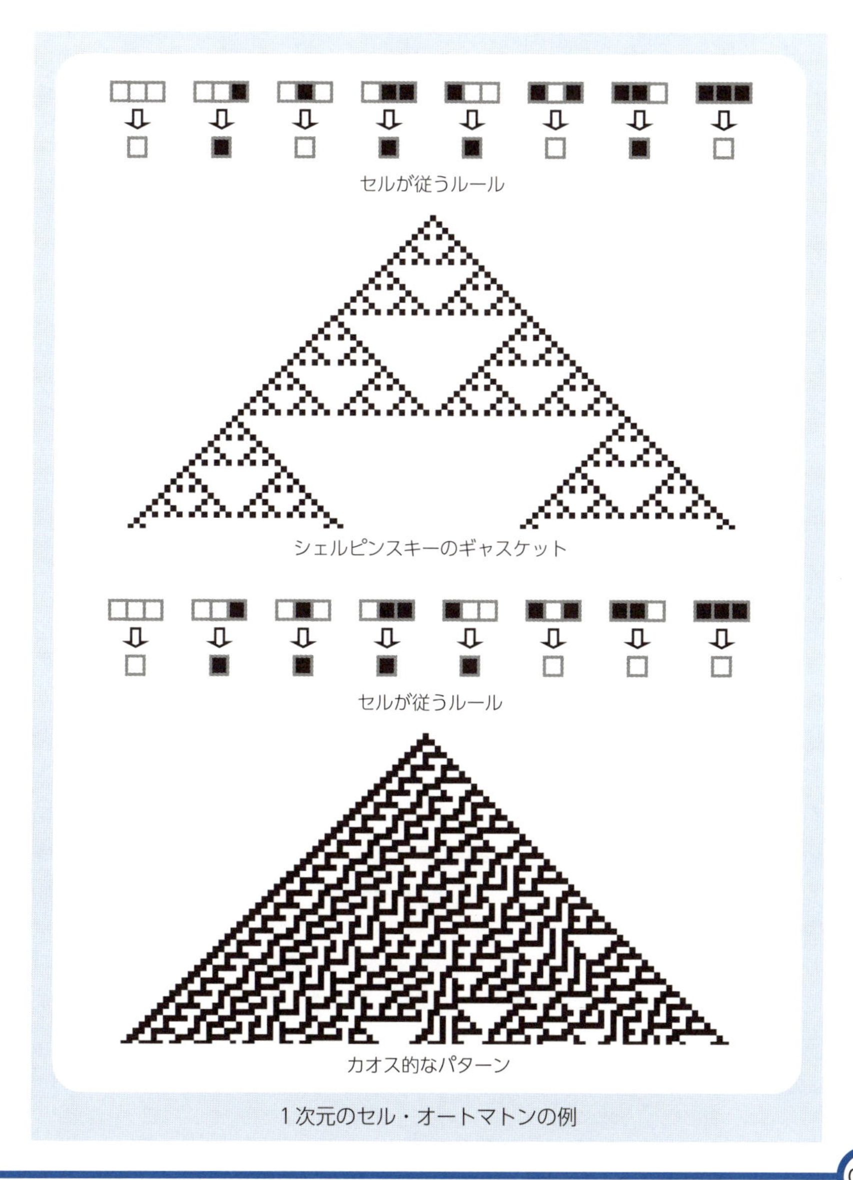

1次元のセル・オートマトンの例

セルが従うルールを２箇所変えただけで、前頁の下の図のように、まったく異なるパターンが現れます。見た感じかなりカオス的なパターンです。カオス的なパターンも、自然界でしばしば現れるパターンでしょう。ルールをほんの少し変えるだけで、規則的なパターンから混沌としたパターンまで得られることは、とても面白いことです。実際の自然界でも、物理現象や生命現象などにおいて、ほんのわずかパラメータを変えるだけで、がらっと様相を変える現象はたくさんあり、これがセル・オートマトンが広く自然界を表す統一的原理として、さかんに研究されている理由です。

２次元のセル・オートマトンの典型的な例がライフゲームで、下記のルールに従います。

[生存] 生命の存在するセルの周囲に２個か３個の生命が存在するセルがあれば、そのセルは生き残る

[誕生] 生命の存在しないセルの周囲３個の生命が存在するセルがあれば、そのセルに生命が誕生する

[死亡] それ以外は、そのセルの生命は死ぬ（過疎死と過密死）

周囲に仲間がいれば個体が増えてゆくけれども、１人だとさびしくて、また、多すぎると食べ物が無くなって死んでしまう、といったモデルになります。

２次元のセル・オートマトンの例を右図に示します。ここでは、100×100のセルに、初期状態として乱数で確率0.1で生きているセルを置きました。周期的境界条件、すなわち、いちばん左といちばん右はたがいにつながっていて、いちばん上といちばん下もたがいにつながっているという、境界条件を設定しました。黒が生命が存在するセルで、白が生命が存在しないセルです。

まず、第１世代では、かなりの淘汰が進み、コロニーのような生命の存在するセルが集中しているところが多数あらわれています。第200世代では、コロニーの形状も少数の種類に集約しているところが多く見られます。

世代が進むと、形が変わらないパターンや、２世代あるいは数世代ごとに同じ形を繰り返すパターンが得られてきます。右図は、そのようなパターンをいくつか列挙してみました。自身のセルの周囲の生命の存在するセルの数も書いてありますので、動作を追いかけやすいかと思います。この例の第200世代でも、このようなパターンがあちらこちらに見られています。さらに、同じ形を繰り返しながら移動するパターンもあります。右図はその典型的なパターンで、グライダーと通称されています。４世代ごとに同じ形を繰り返し、かつ横に１セルと縦に１セルだけ移動します。この例の第200世代でも、グライダーが見られています。また右下の図は、完全に周期的に、すなわちセル・オートマトン全体でまったく同じ状態に戻ってくる、グライダーを発生させるパターンです。

オートマトン：富田悦次、横森貴、オートマトン・言語理論（基礎情報工学シリーズ５）、森北出版

ここでは正方形のセルにしましたが、三角形や六角形などのセルも考えられます。また、正方形を拡張して立方体で空間のセル・オートマトンを考えることもできます。やはり三角形を拡張して正四面体で空間のセル・オートマトンを考えることもできます。

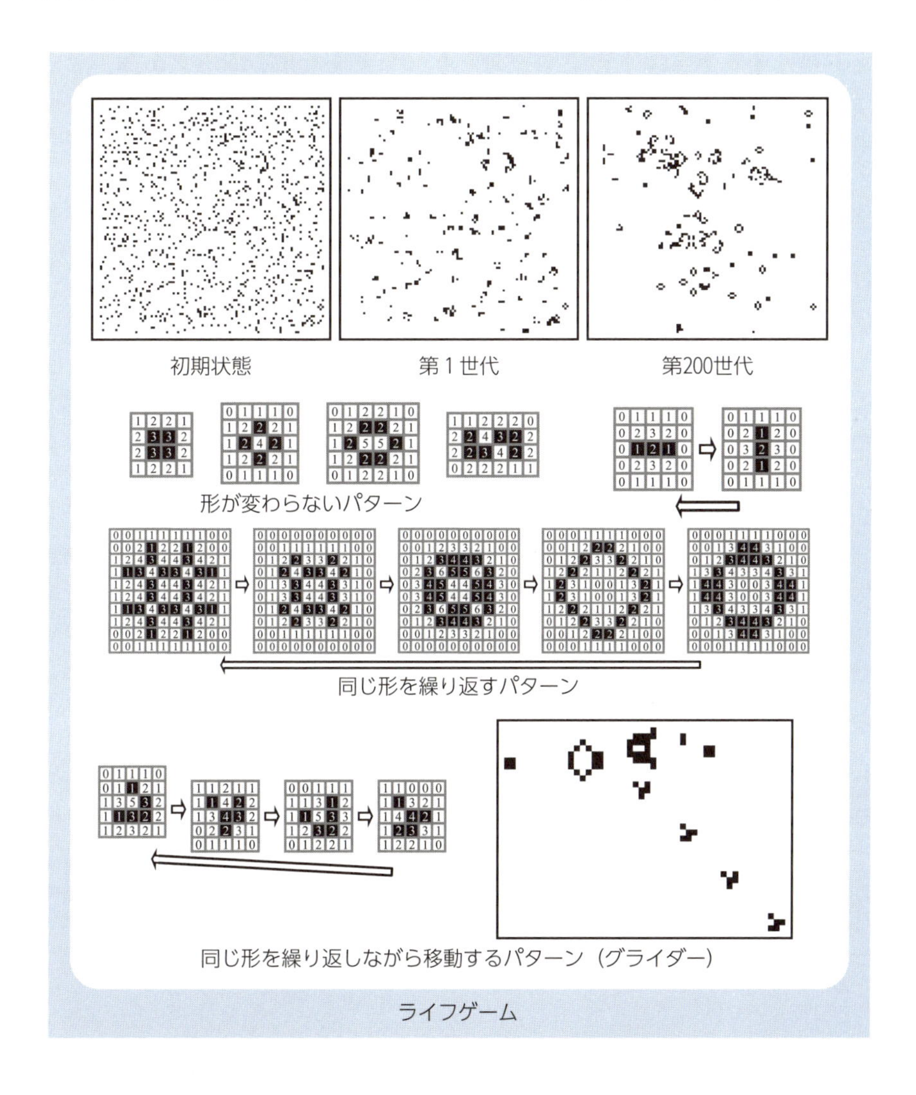

ライフゲーム

2-16　自然言語処理

自然言語とは、わたしたちが日常使っている言葉、すなわち、日本語、英語、中国語などのことで、プログラミング言語のような人工言語と対比して、こう呼びます。自然言語を情報処理してゆくことが、自然言語処理です。人工知能の研究に関連することはもちろんですが、ニューラルネットワークやディープラーニングなどよりもはるかに以前から研究されていて、これらをその一部として使うことはあるものの、ニューラルネットワークやディープラーニングとは少し異なった次元での研究となっています。、

自然言語処理は、形態素解析、構文解析、意味解析、文脈解析などからなる、総合的な処理です。ここでは、ひとつひとつ説明していきます。ただし、この順番でフィードフォワードに処理が進んでゆくのではなく、必要に応じてフィードバックもかけながらでなければ、真に意味を理解したことにはなりません。

形態素解析とは、文を形態素という文法的な最小のかたまりに分割することです。日本語は、英語と違って、単語をスペースで区切らないため、単語への分割は、それほど容易ではありません。さらに、漢字があるおかげで、漢字で書かれていればわかりやすいですが、音声認識などで、「かな」しかわからなければ、同音異義語がたくさんあって、やはり形態素解析は難しくなります。

日本語の形態素は、動詞・形容詞・形容動詞・名詞・連体詞・副詞・接続詞・感動詞といった自立語や、助動詞・助詞といった付属語などの品詞として、分類されます。形態素解析には、これらの単語の品詞・読み・活用などの情報をもつ単語辞書と、そのような単語のうちどのような単語が隣り合って並ぶことができるかという連接辞書が必要です。

たとえば、「こうちにりょうまがいる」という文を考えてみましょう。普通の日本人なら、「高知に龍馬が居る」だとわかります。形態素解析では、まず、文を、単語辞書を使って、可能なすべての組み合わせに、分割してゆきます。右頁一番下の図はその一例で、実際にはもっとたくさんの組み合わせがあるはずです。いちばん下の分け方は、最後が「る」でおわってしまい、これが単語辞書になければ、可能性から消されます。次に、単語のつながりを、連接辞書でチェックします。数詞「二」と固有名詞「龍馬」は、ふつうはつながりませんので、可能性から消されます。

自然言語処理：黒橋禎夫、自然言語処理、放送大学出版会、NHK 出版、2015。高村大也、奥村学、言語処理のための機械学習入門、コロナ社、2010

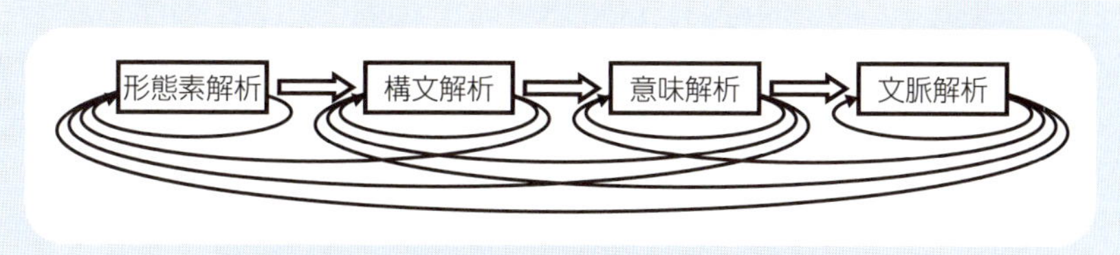

自然言語処理

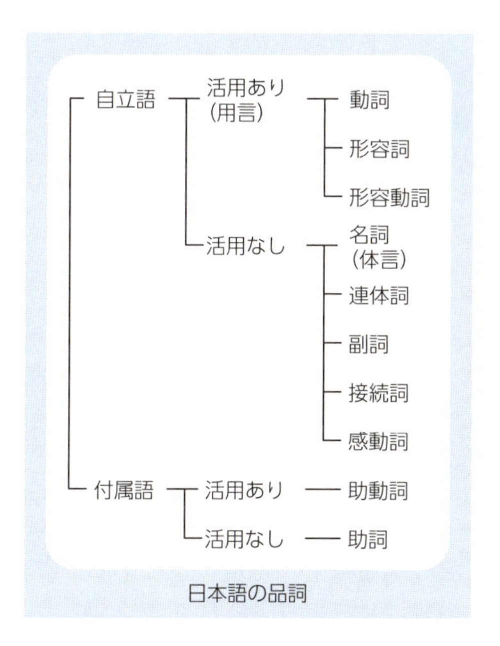

日本語の品詞

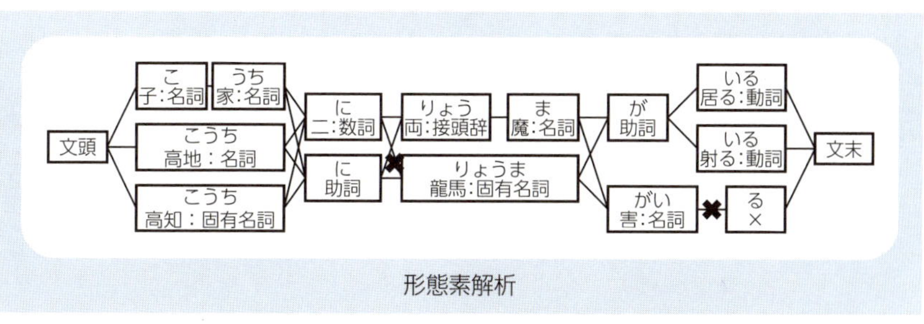

形態素解析

それでもまだたくさんの組み合わせがありますので、取捨選択しなければなりません。そのひとつの方法は、単語と単語をつなぐ経路に、コストを設定し、そのコストが最小化するような経路を見つけるというものです。ただし、コストの設定にも指針が必要です。よくあるものとして、下記のようなものがあります。

・長い形態素を優先する

通常の文は、短い形態素をつなげるよりは、長い形態素を中心につくられていくだろうということに基づきます。具体的には、実際に長い形態素により小さいコストを与えるということでもできますが、何もしなくても、短い形態素にはたくさんの経路ができますので、自然とコストが高くなります。

・短い形態素は付属語を優先する

短い自立語は適切でないことがしばしばあり、短い付属語はそれほどおかしくはないことを反映しています。具体的には、自立語のコストを大きくし、付属語のコストを小さくします。

・まれな連接を避ける

まれな連接のコストを高くします。

これらの方針に従って、単語と経路にコスト付けした一例を、右頁の上図に示します。なお、これはあくまで一例であって、ほかにもいろいろな付け方があるでしょう。言い方を変えれば、ここでのコスト付けのやりかたが、形態素解析の性能を決めるといえます。

次に、コストを最小化する経路を見つけましょう。まず、やりやすくするために、それぞれの経路のコストに、その経路先の単語のコストを加えて、ふたたびその経路のコストとして書きなおします。この操作で得られる図は元のコストと等価であることは明らかです。次に、文頭から始めて、経路のコストを足し合わせたものを、単語のワクに書いてゆきます。ただし、複数の経路から到達している単語については、コストの低い方を書き、その経路を決定経路として、太線にします。これを文末まで続けてゆくと、最終的に最もコストの低い経路が得られます。

形態素解析に役立つプログラムが、いくつかインターネットからダウンロードできます。試してみると面白いでしょう。形態素解析の難しさも体感できます。

形態素解析のプログラム：MeCab: Yet Another Part-of-Speech and Morphological Analyzer, http://taku910.github.io/mecab/

ここでは、最もコストの低い経路として、「高地に龍馬が居る」と「高地に龍馬が射る」が得られ、次にコストの低い経路として、「高知に龍馬が居る」と「高知に龍馬が射る」が得られました。もちろん、おやっ、と思われるでしょう。また、この間違いは当然だとも思われるでしょう。それぞれの言葉の意味を考えていませんので、高知と龍馬に関連があることも考慮されていませんし、「どこどこにだれだれが居る」は普通の表現で、「射る」はいかにも不自然であることも考慮されていません。これらのことは、さらに解析をすすめたのちに、フィードバックして変更してゆくことになります。現時点では、すくなくともコストが高そうないくつかの経路を、候補としてとっておくことが必要です。形態素解析の次は、構文解析となります。

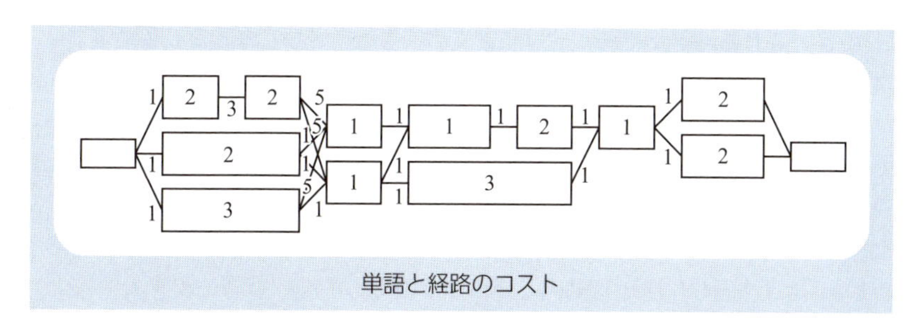

単語と経路のコスト

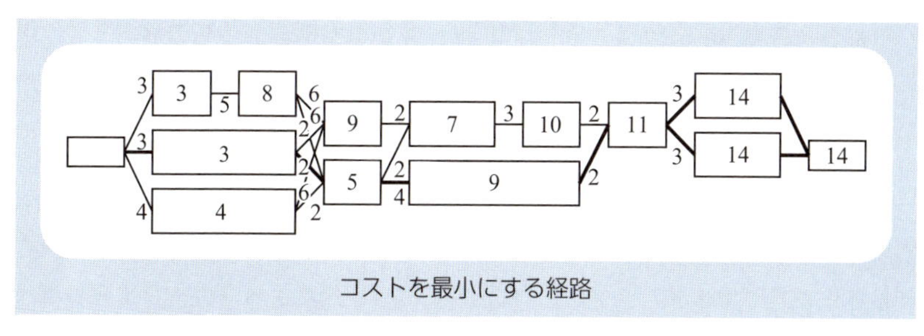

コストを最小にする経路

構文解析とは、文法に基づいて、文の構造や係り受けを解析することです。係り受けとは、どの語が修飾語で、どの語がその被修飾語かという関係のことです。英語の場合は、S・V、S・V・C、S・V・O、S・V・O・C、S・V・O・O などの種類があり、副詞や前置詞句などは任意性がありますが、基本的には文中の位置により、主語・動詞・補語・目的語などが決まりますので、構文解析は比較的に容易です。いっぽうで、日本語は、これらの順序がかなりばらばらで、主語が省略される場合もしばしばあるなど、係り受けの解析も難しい言語です。このため、さまざまな解釈が存在することもあります。たとえば、「青い筆箱のなかの鉛筆」と書いたとき、「青い」のは「筆箱」なのか「鉛筆」なのか、これだけではわかりません。（ちなみに、「HB の筆箱のなかの鉛筆」でしたら「HB」なのは「鉛筆」で、「象が踏んでも壊れない筆箱のなかの鉛筆」でしたら「象が踏んでも壊れない」のは「筆箱」です。これも背景の情報がなければ文の本当の意味がわからない例です。）

日本語によくあるような、係り受けの関係を主とする文の構造を、依存構造表現と言います。形態素解析がうまくできていれば、それぞれの単語の品詞が明らかになっていて、それぞれの品詞はどのような品詞を修飾するかのルールはわかっているので、ひとまずは、依存構造表現を想定した構文解析は、容易にできます。

たとえば、「快適な伊丹行きの機内で温かいコンソメスープを飲んだ」という文を考えてみましょう。「快適な」は形容動詞の連体形なので、名詞を修飾します。少なくとも日本語では、修飾語が前に被修飾語が後に来ますので、被修飾語の候補は、「伊丹」、「機内」、「コンソメスープ」です。ただし、日本語には、非交差条件というものがあって、係り受けの矢印は交差してはいけないことになっています。あとで「機内で」は「飲んだ」に係りますので、「快適な」が「コンソメスープ」が係ると、交差してしまいますので、これはありえません。意味として「快適な」は「機内」に係るほうが自然で、「コンソメスープ」に係るのは不自然ですが、構文解析では、意味まで考えなくても、非交差条件で、この間違った係り受けは排除できるということです。いっぽう、「快適な」が「伊丹」に係る可能性は残されています。やはり、「快適な」は「伊丹」より「機内」に係るほうが自然ですが、構文解析だけですと、両方とも成り立ちます。まずは、こういった可能性も含めて、構文解析をする必要があります。

コーパスとは、たくさんの文を集めたもので、自然言語処理のためのものとしては、品詞や構造などの情報が付加されていて、形態素解析もそうですが、構文解析には有用なツールとなります。英語では、Brown Corpus が、日本語では京都大学テキストコーパスが有名です。

構文解析に役立つプログラムも、いくつかインターネットからダウンロードできます。やはり、構文解析の難しさも体感できます。

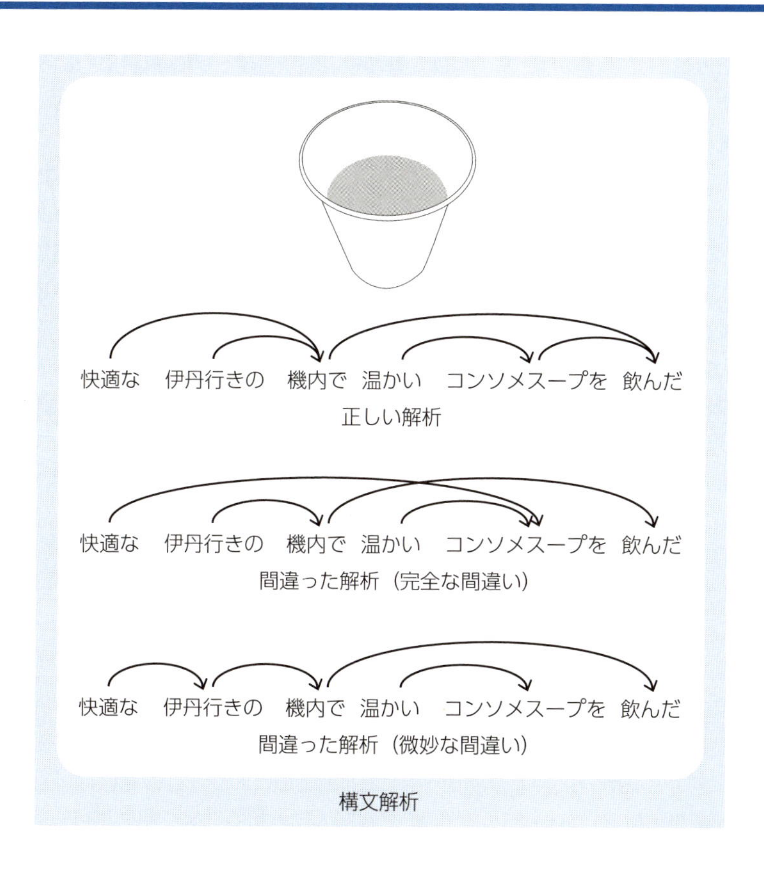

構文解析

Brown Corpus：http://www.hit.uib.no/icame/brown/bcm.html
京都大学テキストコーパス：http://nlp.ist.i.kyoto-u.ac.jp/index.php?京都大学テキストコーパス
構文解析のプログラム：CaboCha: Yet Another Japanese Dependency Structure Analyzer, http://taku910.github.io/cabocha/

意味解析とは、文字どおり、文の意味を解析することです。意味解析にもいろいろな手法がありますが、そのひとつの代表的な例を紹介します。なお、意味解析でも、コーパスは有用です。

格とは、文のなかで文節が果たしている役割のことです。英語では語順できまるところが大きいですが、日本語では語順の自由度が大きく、助詞などの付属語で格があらわされることがしばしばです。そこで、助詞に対応した格として、ガ格、ヲ格、ニ格などに分類される、表層格があります。ただし、「も」や「は」などはほかの助詞と置換して意味を付加しますが、そのため助詞として格を表す役割が失われます。「わたしが車を運転します」は「わたしも車を運転します」とも「わたしが車も運転します」とも変形できます。そこで意味的な役割から格を示したものが、深層格です。表層格と深層格を並列させてより精度のよい格分類を実現できるとも考えられます。

C. J. Fillmore が提唱したフィルモアの深層格では、まずは文のなかの、日本語では動詞・形容詞・形容動詞などの述語をみつけ、それに対する役割として、動作主格・経験者格・道具格・対象格・源泉格・目標格・場所格・時間格などが割り振られます。たとえば、動作主格では、表層格としては、助詞として、「が」「は」「も」あるいは「だけ」とか「しか」など、動作主格として適切なものをもつものから選ばれます。日本語では必ずしも冒頭ではなく、「彼は自転車を持っている」や「自転車を彼は持っている」とも言いますので、文中の位置は、文末ではないこと以外にはあまり使えないでしょう。そのほか、動作主格としてふさわしいものかどうかも判断の基準となります。たとえば「健康診断を受けた」に対する動作主格は、人間かせいぜい動物でしょう。この場合は「カレーライス」は動作主格にはならないでしょう。ただし擬人化として「航空機は毎月一度は健康診断を受けている」のような使い方もあって難しいです。同様に、ほかの格も適切かどうかを判断されるべきです。述語が「乗る」だった場合に、対象格が「シャープペンシル」では普通はおかしいですが、動作主格が「アントマン」だったら正しいかもしれません。

このように、意味解析においてはさらに、単なる文の表記だけではなく、意味まで踏み込んだ解析が求められます。従来の自然言語処理では、理論までは立てられました。しかし、実際に使おうとすると、準備できるデータベースが少なすぎて、なかなか役に立つものはできてきませんでした。詳しくは以降に述べますが、あらゆる一般常識（あるいは用途によっては専門知識）を含んだ、構造的な意味のマップが必要となります。これは、あらかじめ人の手で作っておくのは不可能で、実際には近年のコンピュータパワーの向上によって急速に発展してきた機械学習によってのみ可能となるものでしょう。

フィルモアの深層格：C. J. Fillmore, The Case for Case, In Bach and Harms: Universals in Linguistic Theory, Holt, Rinehart, and Winston, 1968.

格	内容	例
動作主格	動作を引き起こすもの	明子は健康診断を受けた。
経験者格	心理現象を経験するもの	明子はうれしく思った。
道具格	原因や刺激や方法となるもの	Web で検索した。
対象格	動作の対象	健康診断を受けた。
源泉格	対象の移動や変化の起点	京都から東京へ下った
目標格	対象の移動や変化の終点	京都から東京へ下った
場所格	場所や位置	その途中で名古屋に泊まった
時間格	出来事の起こる時間	12時に静岡を通過した

フィルモアの深層格

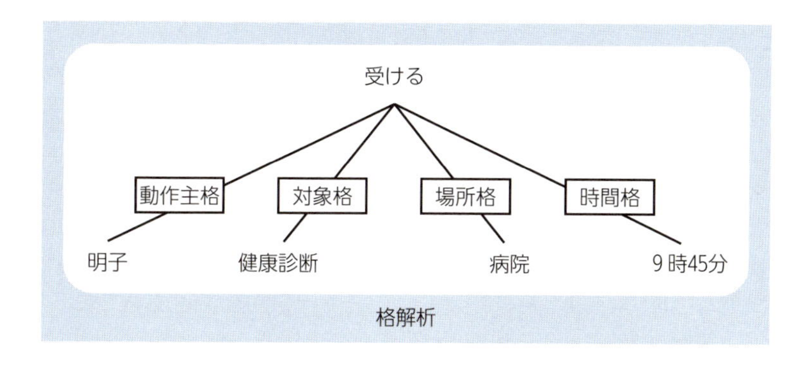

格解析

文脈解析とは、複数の文にまたがって、すなわち文章の意味を解析することです。文章には、結束性と一貫性があるとされています。結束性とは、同一または類似の文がまとまって文章をつくっていることで、一貫性とは、背景や根拠や論旨などを同じくする文がまとまって文章をつくっていることです。

たとえば、下記の文章を考えてみましょう。

⑴　明日は数学のテストだ。水は水素と酸素からできている。

⑵　明日は数学のテストだ。だから、その勉強をしよう。

⑶　明日は数学のテストだ。でも、ゲームはやめられない。

⑷　明日は数学のテストだ。その勉強をしよう。

⑸　明日は数学のテストだ。勉強をしよう。

⑴は、結束性や一貫性はありません。読んでいても明らかに不自然な文章でしょう。⑵は、結束性と一貫性があり、各々の文が、理由と結果になっています。⑶も同じですが、逆接の関係になっています。⑷は、「その」が「数学」を示すことが明らかであり、そのためやはり、理由と結果を表すことが明らかにわかります。⑸は、人間にとってはわかりやすいことですが、人工知能にとっては、理由と結果になっているのか、わからないかもしれません。テストがあるなら勉強するだろうという、予備知識が必要だからです。ここでも、あらかじめ一般常識が備わっていなければ、文章の全体の意味もわからないことになります。

また、複数の文章のあいだには、代名詞などを使って、同じ言葉を繰り返さないことが多いですが、文脈解析では、その代名詞が何を示すかを明らかにする必要があります。さらに、日本語では、主語など、そもそも書かない場合も多いですが、やはり省略された主語を類推できなければなりません。こういったことを行うのが、照応解析です。

たとえば、下記の文章を考えてみましょう。

・S先生は英語の教員だ。彼はR大学で教えている。O大学でも教えている。

この文章では、人は「S先生」だけですので、「彼」は「S先生」を指すことは明らかです。これを、「彼」は「S先生」を照応していると言います。最後の文章は主語さえもありませんが、省略された主語が「S先生」を照応していることになります。さらに、下記の文章はどうでしょうか。

・教授と学生は電子工学の問題について議論したが、意見がかみ合わなかった。なぜなら彼は若すぎたからである。

「彼」は「学生」を照応しています。これは、通常は、教授と学生では学生のほうが若いからです。この場合も、正しい照応関係を見つけるには、背景知識が必要です。

自然言語処理は、上記の形態素解析、構文解析、意味解析、文脈解析などから成りますが、特にあとのほうになればなるほど、意味を理解したうえでの解析が必要となり、膨大なデータが必要となってきます。それぞれの解析で、人工知能の技術が応用されてゆくことには意味がありそうです。現実には特に意味解析や文脈解析では、確立した理論の構築も不十分で、実際に満足に機能するものは出てきておらず、今後の研究が待たれるところです。

ここまで、自然言語処理について、説明してきました。ただし、我々が言葉を話したり聞いたり書いたり読んだりするとき、頭の中ではこのようなことが行われているのでしょうか。まず形態素解析して、構文解析して、意味解析して、文脈解析して…。最後の2つは頭の中でやっているような気もしますが、最初の2つは少し疑問に思われるところもあります。そうしますと、あとから書きます、ニューラルネットワークとくにリカレントネットワークやディープラーニングによる、ほかの人工知能でも最近注目を浴びている技術のほうが、我々の脳のやりかたに近いのかもしれません。One Learning Theory（ただひとつの学習理論）と呼ばれる仮説があります。人間の脳の動作は基本的には1種類だけなので、画像認識のアルゴリズムが自然言語処理にも使われているだろう（使われるべき）ということです。さてどうなのでしょうか。

2-17 オントロジー

「オントロジー（Ontology）」を辞書でひくと、「存在論」と出てきて抽象的でよくわかりませんが、人工知能の世界では、ひらたく言えば、「言葉の意味のまとめかた」です。「言葉の意味」というのは「概念」ということになります。インターネットの膨大な文章（あるいは画像から得られた同等のもの）のデータを、自然言語処理で解析して意味がわかったとして、それをどう整理してゆくかの手法が、オントロジーです。オントロジーについて述べるときにしばしば出てくる言葉が「意味ネットワーク」ですが、意味ネットワークを作成する手法がオントロジーだということです。

オントロジーの研究はさまざまなものがありますが、ここでは比較的に共通に認められていることについて説明します。まずは、言葉の関係について、「is-a 関係」と「part-of 関係」があります。is-a 関係 は、上下関係で、人間は哺乳類である、とか、ミカンは柑橘類である、とかの関係です。いっぽう、「part-of 関係」は、包含関係で、脳は人間の一部である、とか、アルベド（わからないでしょうか）はミカンの一部である、とかです。ひれは人間の一部ではない、といった否定的な関係もつくることができます。さらに、「attribute-of 関係」は、それぞれの言葉のもつプロパティ（属性）を示すものです。たとえば、その人間は日本人である（個人情報のようは社会的なことは、ここでは考えないでください）とか、そのミカンは高知県産である、とかです。腕が 2 本とか、数値も含まれます。右図のように、心臓が停止すると死亡する、といったような論理的な関係も、ある程度は示すことができます。

前述のとおり、オントロジーの研究にはさまざまなものがありますが、まずは一定のオントロジーを設定して、そのオントロジーに従って、意味ネットワークをつくってゆきます。そして、次は、その意味ネットワークを使ってゆきます。たとえば、「ミカンの内側にあって食物繊維やビタミンが豊富な白い筋のことを何と言いますか？」という質問に答えようとするなら、まずは「ミカン」を検索し、その part-of 関係にあるもののなかから、プロパティとして「内側」「食物繊維」「ビタミン」「白い」「筋」などを持ったものを取り出せば、「アルベド」と答えられます。意味ネットワークの作成が途中であって（まあ永遠に途中でしょうけど）、プロパティとして「食物繊維」がなくても、もっとも確からしいものを応答すればよいわけです。さらにこの質問から学習して、プロパティに「食物繊維」を加えるようなしくみがあってもよいでしょう。会話によっても、意味ネットワークが進化してゆくわけです。

オントロジー：溝口理一郎、オントロジー工学（オーム社、2005）

オントロジーには、ヘビーウェイトオントロジーとライトウェイトオントロジーというものがあります。ヘビーウェイトオントロジーは、人間がきちんとルールをつくるオントロジーのことであり、ライトウェイトオントロジーは、コンピュータが自動でルールをつくるオントロジーのことです。現在の情報化社会では、情報量が多すぎて、特定の分野に限る場合を除いては、ヘビーウェイトオントロジーは困難になってきており、ライトウェイトオントロジーが主流になってきています。

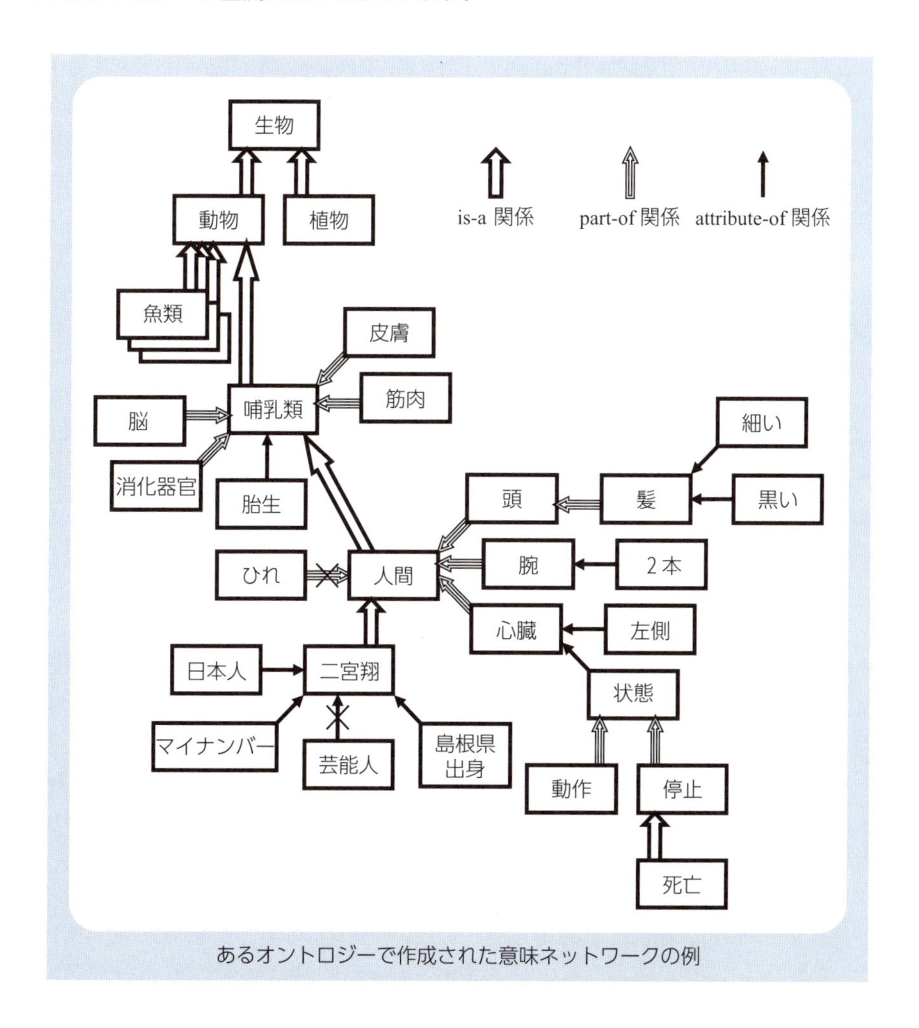

あるオントロジーで作成された意味ネットワークの例

3章 人工知能を搭載する応用分野

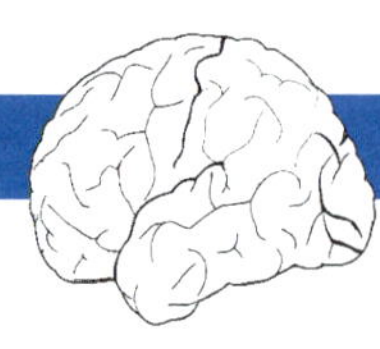

3-1　文字認識

手書き文字などの文字認識は、これまで最もよく研究されてきた分野のひとつです。ここでは3層構造の単なるフィードフォワード型のニューラルネットワークで説明します。

たとえば「0」「1」「2」の画像を、画素ごとに白は「1」黒は「0」と対応づけ、入力層に入力します。出力層には「0」「1」「2」に対応する3つのニューロンがあります。どの数字をどのニューロンに対応づけるかは任意です。ここでは、いちばん上のニューロンを「0」、まん中を「1」、いちばん下を「2」に対応づけます。出力信号と教師信号との誤差をもとに、バックプロパゲーションの手法により、シナプスの結合強度を変化させてゆきます。入力層と中間層のあいだのシナプスの結合強度と、中間層と出力層のあいだのシナプスの結合強度を、前章で説明した多層のニューラルネットワークのバックプロパゲーションの手法で変化させてゆきます。すなわち、数式的な手法を用いてもいいですし、数値的な手法を用いてもかまいません。前者は、ニューラルネットワークの規模が大規模であるときに、十分な計算パワーがないときに有用で、後者は、十分な計算パワーがあるときには、きわめて簡便だという特長があります。認識のプログラムはいずれにせよ作らないといけないわけで、認識のプログラムにより、ニューロンの結合強度をわずかだけ変化させて、誤差関数のわずかな変化を計算し、数値的に $\partial E/\partial w$ を求めるわけです。これに学習係数を乗じて、シナプスの結合強度を変化させてゆきます。なお、ひとつひとつのシナプスの結合強度を変化させながら、つぎの結合強度の変化のための認識のプログラムを実行させることも考えられますが、すべての $\partial E/\partial w$ を求めたあとで、一斉にシナプスの結合強度を変化させるほうが、少なくともプログラマー好みの処理です。

なお、出力層のニューロンの数は認識したい文字の種類の数と同じになりますが、中間層のニューロンの数には任意性があり、ただし、たいがい入力層のニューロンの数と出力層のニューロンの数のあいだの数にします。ここでは、入力層が25個のニューロンから成り、中間層が9個のニューロンから成るので、入力層と中間層のあいだのシナプスは25×9＝225個となります。そして、出力層が3個のニューロンから成るので、中間層から出力層のあいだのシナプスは、9×3＝27個となります。

また、入力層と中間層のあいだのシナプスの結合強度の初期値がみな等しいと、対称性から、バックプロパゲーションにおいて、それらのシナプスの結合強度に差が生じませんので、学習の自由度が少なくなり、うまく学習しにくくなります。そこで、シナプスの結合強度の初期値には、ある程度の乱数を加えています。一種の自発的対称性の破れ、ですね。

学習したあとには、「0」「1」「2」の画像を入力すると、対応した出力層のニューロンが、より強い出力信号を出すようになります。なお、次図では、実際に学習させて、シナプスの結合強度を、線の太い細いで表しています。学習した文字と全く同じなのに、90 %台にはなっていますが、100 %の出力信号にはならないところは、これまた人間的です。なお、ここでは、学習の回数、すなわち、シナプスの結合強度の変化の回数は、100 回としています。この程度の規模なら、この程度の回数というわけです。人間も、100 回くらい書けば、90 %の確率で覚えるでしょうか。

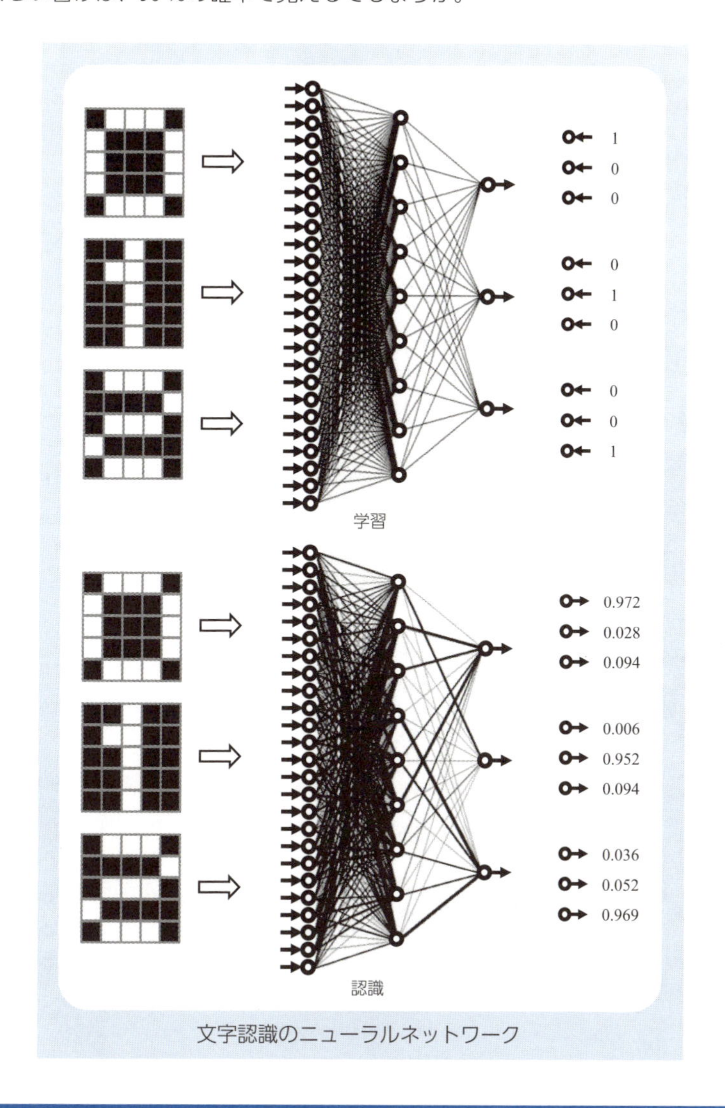

文字認識のニューラルネットワーク

学習した文字と少し違うが似たような文字でも、ちゃんと認識できるのは、ニューラルネットワークによる文字認識の優れたところです。次図では、前記の「0」「1」「2」を学習させたニューラルネットワークに、ちょっと違う「0」「1」「2」を認識できるか、確認した結果です。たしかに、「0」「1」「2」に似た文字に対して、それぞれ、「0」「1」「2」に対応した出力層のニューロンが、強い出力を出しています。手書き文字は、ひとそれぞれで、時と場合によって、たとえば、急いているときとくつろいでいるときとか、大学の願書を書くのか、単なるメモなのかで、大きく違います。それらを同じ文字だと認識するため機能です。

逆に、異なる文字として、「a」「b」「c」を認識させようとすると、次図のとおり、どれが支配的ともいえない結果を出します。覚えていない文字はわからないわけです。

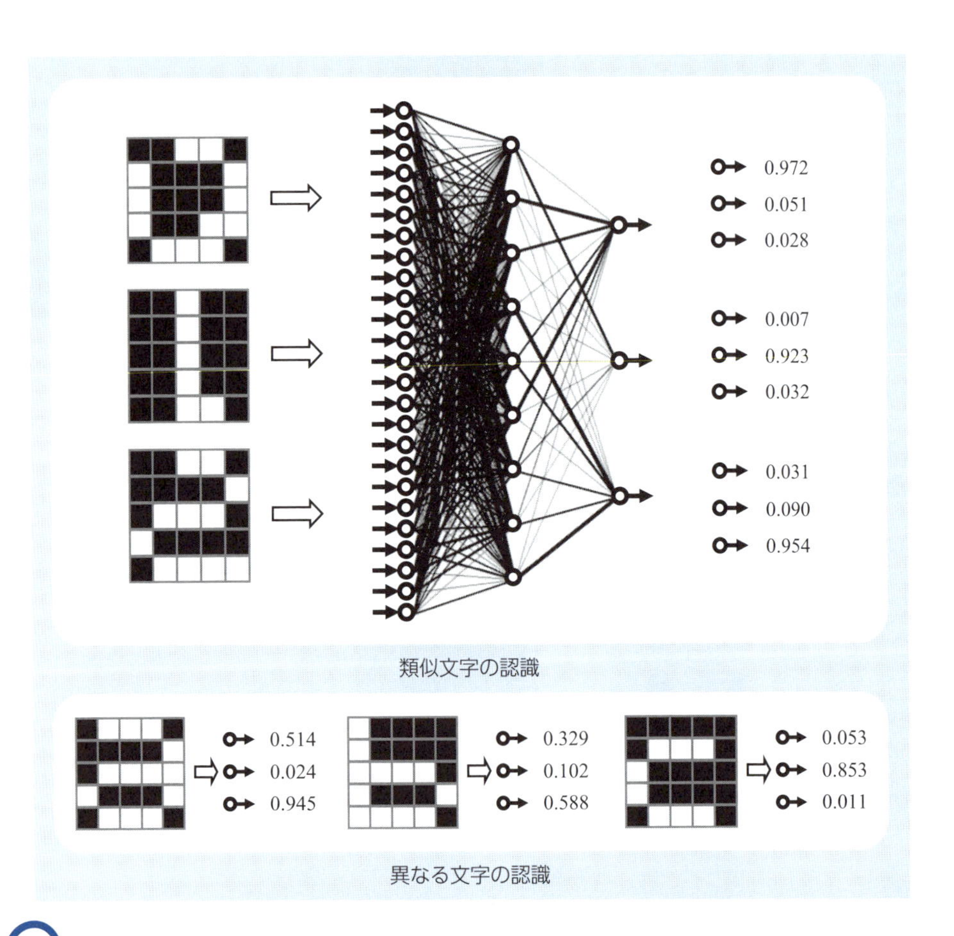

類似文字の認識

異なる文字の認識

ここでは、5×5＝25画素と規模の小さい画像で、「0」「1」「2」のたった3文字でしたが、より大きな画像で、より多くの文字を覚えさせることも、ニューラルネットワークの規模を大きくすれば可能となります。また、同じ文字でも書き方の異なる複数の画像を覚えさせることで、いろいろな書き方の文字も認識できるようになります。これも、ニューラルネットワークの規模次第です。

また、似たような文字が認識できるということは、一部が隠れていたりかすれていたりする文字を認識できるということです。次の図Aは、一部が隠れている文字です。人間は面白くて、図Aのままだと何が隠れているのかよくわからないのですが、図Bのように隠しているものの輪郭を示すと、とたんに何が隠れているかわかるようになります。補完すべき場所としてはならない場所がわかるようになるからでしょう。ニューラルネットワークによる文字認識でも、同じようなことになるかもしれません。

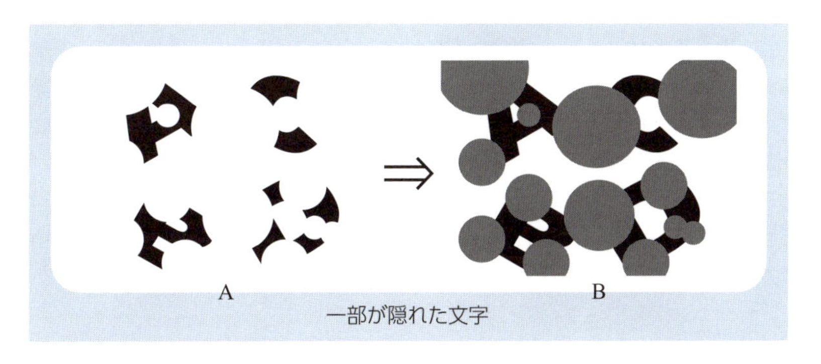

一部が隠れた文字

なお、手書き文字のデータベースとして、MNIST（エムニスト）というデータセットを使うことができます。これは、学習用と認識用がペアになった、数字画像セットです。いろいろなところで開発された文字認識のソフトウェアの性能を比較するときに、異なる画像データを用いていては公平に比較できませんので、同じ土俵で勝負させるためには同じ画像データを用いることが望ましく、そのためによく用いられるのが、このMNISTです。

手書き文字

MNIST：http://yann.lecun.com/exdb/mnist/.

3-2 画像認識
－Google の猫－

最近のもっともホットなトピックスのひとつは、なんといってもディープラーニングによる画像認識です。2012年の Imagenet Large Scale Visual Recognition Challenge 2012 (ILSVRC 2012) という画像認識の競技会で、カナダのトロント大学のジェフリー・ヒントン（Geoffrey E. Hinton）が率いるグループの SuperVision という画像認識ソフトウェアが、圧倒的な強さで優勝しました。ILSVRC では、10万枚もの画像を認識して、それが何であるかを識別し、エラー率が小さいものが勝ちとなります。ほかのソフトウェアが、エラー率0.26台での攻防をしているのに対して、SuperVision は0.15という別次元のエラー率を達成したのです。この SuperVision に搭載されていたのが、ディープラーニングです。なお、以降は、ILSVRC の上位のほとんどが、ディープラーニングにもとづいたニューラルネットワークによって占められています。

画像認識にしばしば用いられるニューラルネットワークに、前述のとおり、畳み込みニューラルネットワーク（Convolutional neural network）があります。これは、2次元の画像データを入力層から1層目または数層目までは2次元のままで処理する方法です。2次元の近傍のデータとの演算をとるもので、画像処理におけるフィルタ処理に対応します。ほとんどの場合、畳み込みニューラルネットワークとディープラーニングの手法が組み合わされ、すなわち、画像データを畳み込みニューラルネットワークを経たあとで、ディープラーニングの手法が用いられます。

この畳み込みのやりかたにもいろいろなテクニックがあって、右頁の下の図Aは、1998年に提案された LeNet 5 というもので、C1～S4までが畳み込みニューラルネットワーク、C5以降が通常のニューラルネットワークにあたります。さらに、図Bはこのたび使用された AlexNet と呼ばれる（周囲が呼んでいる）もので、立体的な直方体で書かれているものが畳み込みニューラルネットワーク、平面的な長方形で書かれているものが通常のニューラルネットワークにあたります。いずれも、畳み込みニューラルネットワークと通常のニューラルネットワークと全体として多層のニューラルネットワークとなっていて、ディープラーニングで学習できます。詳しくは、脚注の参考文献を、参考にしてください。

ILSVRC 2012：http://image-net.org/challenges/LSVRC/2012/results.html
SuperVision のディープラーニング：Y. LeCun, L. Bottou, Y. Bengio, and P. Haffner,Gradient-Based Learning Applied to Document Recognition, Proc. IEEE, pp. 1-46, 1998. A. Krizhevsky, I. Sutskever, and G. E. Hinton, ImageNet Classification with Deep Convolutional Neural Networks, NIPS 2012.

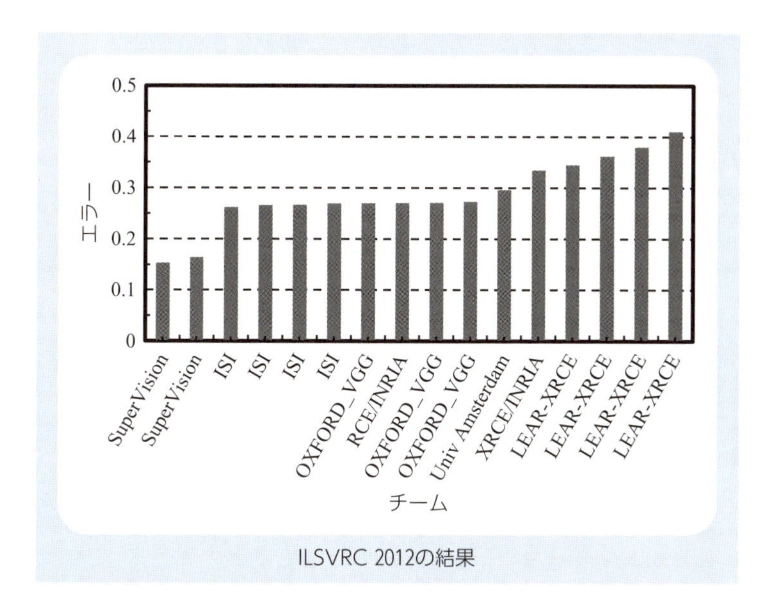

ILSVRC 2012の結果

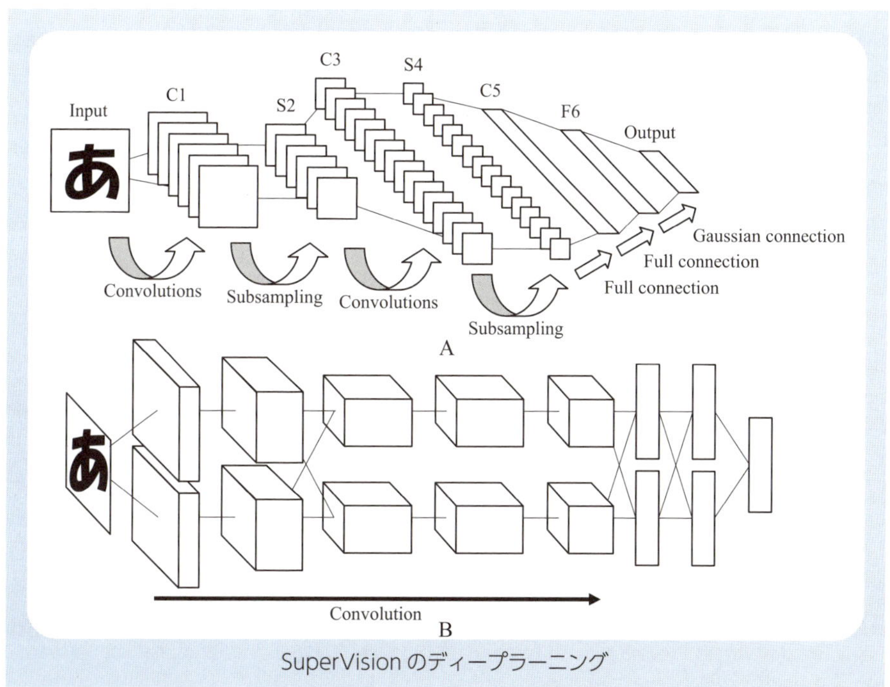

SuperVision のディープラーニング

今回のディープラーニングでは、ニューロンのモデルとして、シグモイド関数ではなく、Rectified Linear Units（ReLU）と呼ばれる新しい関数が用いられています。シグモイド関数では、入力がある程度以上大きいときは、関数の勾配がほぼ平坦であるため、効果的に動作しないことがあるという問題がありました。ReLU は、$y=\max(0, u)$ という関数で、入力が負の値のときは出力はゼロとし、正の値のときはそのまま出力するというものです。右頁の図（ReLU 改良版）では、適当な比例係数 a も用いた式としています。入力がある程度以上大きいときでも、関数の勾配が一定の値として得られ、前述の問題が回避できます。ただし、入力が負の値になると、勾配がゼロになるため、まったく学習が進まなくなるという欠点があります。そこで、入力が負の値のときにも、より緩やかな勾配を与える、$y=\max(bu, au)$ $(b<a)$ というマイナーチェンジも加えられます。さらに、いずれの関数も、$u=0$ において、微分が不連続になるため、$y=\ln[1+\exp(u)]$ という近似式も、原著論文では提示されています。

上記の ReLU に加えて、さらに、「Dropout」という手法も用いられています。これは、バックプロパゲーションでの学習の際に、一定の確率でランダムに中間層のニューロンを無視する（逆にいえば、一定の確率でランダムに中間層のニューロンを選択する）手法です。機械学習でアンサンブル学習と呼ばれる手法の一種といえます。それぞれの入力に対して担当するニューロンを割り当ててやるようなイメージです。学習のフレキシビリティが上がることが期待でき、結果として学習性能向上につながります。右頁の下の図（Dropout）は、⊗が Dropout されたニューロンを示しています。

これら以外にも、まさに星の数ほどのメジャー & マイナーチェンジがあり、とてもすべてを追いきれないほどです。興味のあるみなさまは、ぜひいろいろな研究会や学会に参加され、実にさまざまなディープ畳み込みニューラルネットワークがあることを、体感なさるとよいと思います。それらの研究会や学会または論文をはじめとする文献から、さらに自分の求める情報を集めると、より深い理解につながるかと思います。

ReLU：V. Nair and G. E. Hinton, Rectified Linear Units Improve Restricted Boltzmann Machines, Proc. 27th International Conference on Machine Learning, 2010.

Dropout：N. Srivastava, G. Hinton, A. Krizhevsky, I. Sutskever, and R. Salakhutdinov, Dropout: a Simple way to Prevent Neural Networks from Overfitting, J. Machine Learning Research, 15, pp. 1929, 2014.

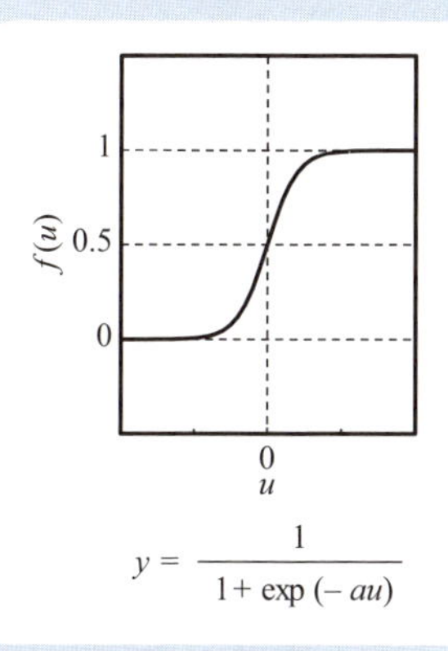

$$y = \frac{1}{1 + \exp(-au)}$$

シグモイド関数

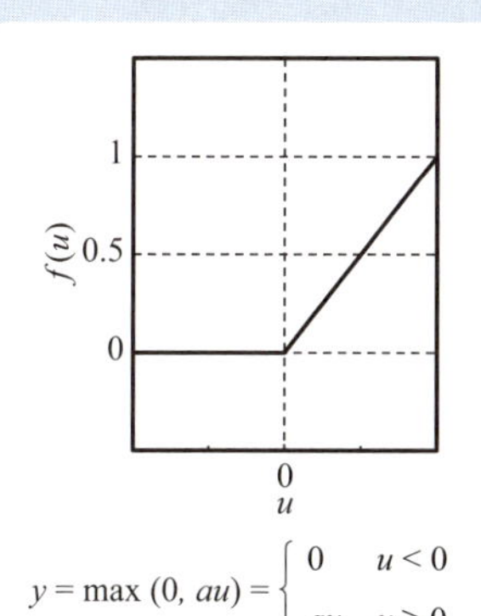

$$y = \max(0, au) = \begin{cases} 0 & u < 0 \\ au & u \geq 0 \end{cases}$$

ReLU

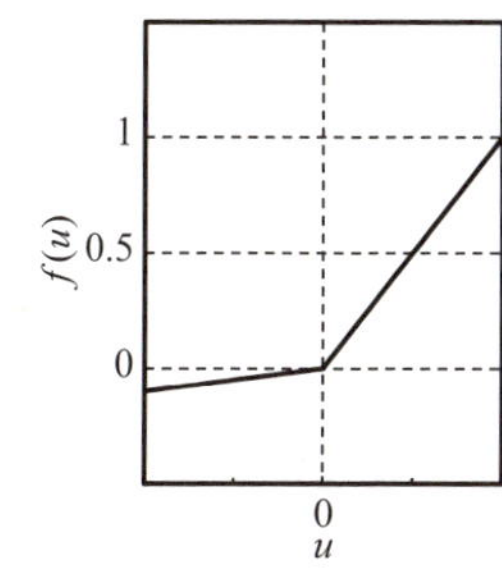

$$y = \max(bu, au) = \begin{cases} bu & u < 0 \\ au & u \geq 0 \end{cases} \quad (b < a)$$

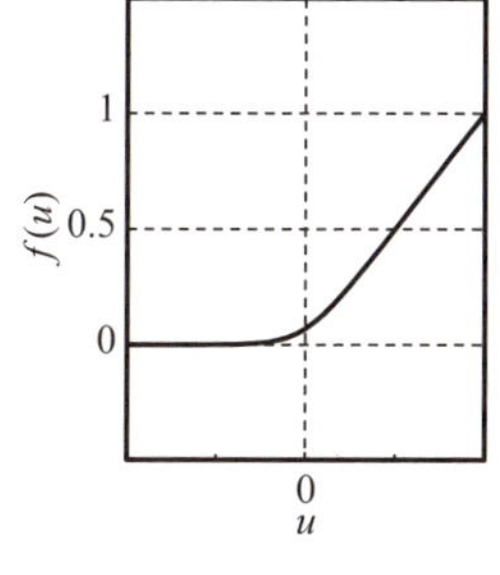

$$y = \ln[1 + \exp(au)]/a$$

ReLU の改良版

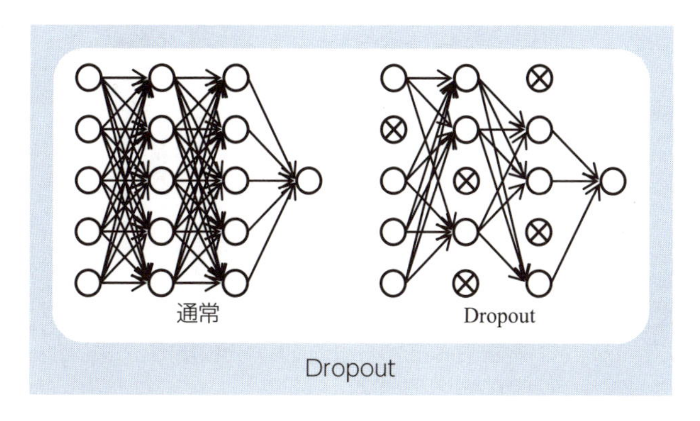

Dropout

このディープラーニングの技術を極めて有効に取り入れ、そしてディープラーニングのブームにさらに拍車をかけたのが、Google の猫でしょう。まず、Unlabeled すなわち何が映っているか示されていない、とにかくたくさんの YouTube の動画から、やはりとにかくたくさんの画像をとりだします。そして、ディープラーニングの手法を用いて、ニューラルネットワークに機械学習させせました。一説には、1000 台のコンピュータで 3 日間かけて行ったとされています。それらの画像のなかには、もちろん猫の画像もありましたし、人の顔の画像もたくさんありました。その結果、数あるニューロンのうち、あるニューロンは、人の顔に対して、敏感に反応するようになりました。右頁の左下の図が、そのニューロンが敏感に反応した画像群です。おおよそ人の顔ですね。また、その下の顔の図は、このニューロンが最も強く反応するように作った画像で、まさに顔のニューロンだということです。明らかにはなっていませんが、おそらくほかの画像に反応するニューロンもあったはずです。そのなかのひとつが、猫だったわけで、Google が人の顔ではなく「猫」をプレスリリースに選んだのは一種の宣伝効果の選択でしょう。もちろん Unlabeled の画像でしたので、ニューラルネットワークがこの画像を「猫」と呼ぶことは知らないはずですが、同じ系統の画像を自動的にすなわち機械学習で分類したことに、注目すべきことです。

なお、ニューラルネットワークにおけるこのような動作は、「おばあさん細胞型」の動作と呼ばれています。おばあさんを見たときだけ反応する細胞＝ニューロンが、脳内にあるという理論です。(いつもこのたぐいのたとえは「おばあさん」であって「おじいさん」でないのは、男性として悲しい限りです) もちろん、ディープラーニングがそうだからといって、人間の脳も同じくそうだとは限りません。ただし、リンダ・ハミルトン（ではなかった気もしますが）を見たときだけ反応する細胞が、実際の人間の脳の中にあった、という研究成果も以前に発表されたこともありました。

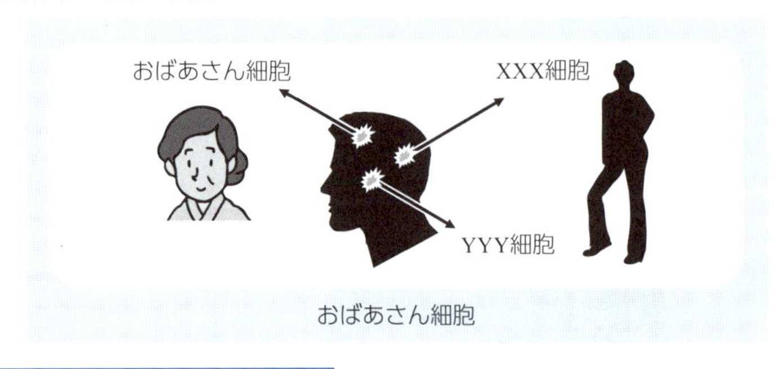

おばあさん細胞

Google の猫：http://static.googleusercontent.com/external_content/untrusted_dlcp/research.google.com/en//archive/unsupervised_icml2012.pdf. https://googleblog.blogspot.jp/2012/06/using-large-scale-brain-simulations-for.htm

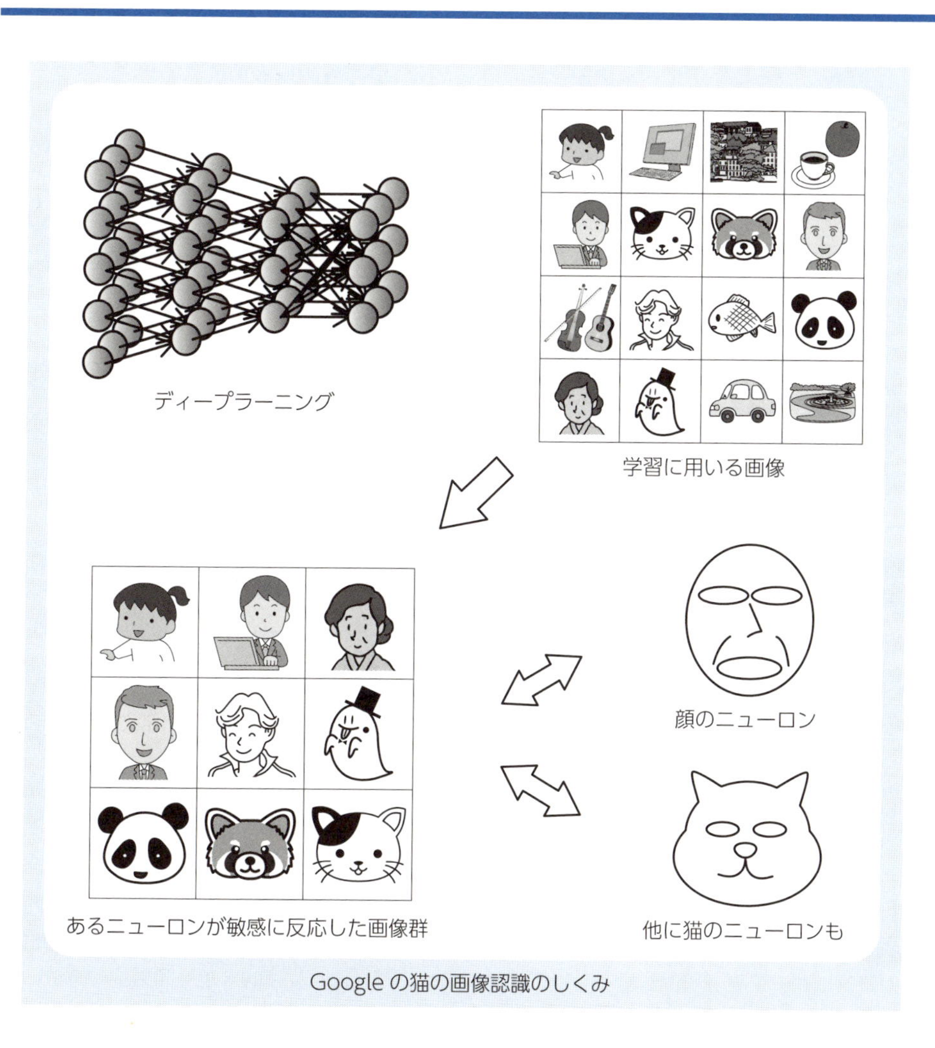

Google の猫の画像認識のしくみ

ディープラーニングによる画像認識のしくみについて説明します。ニューラルネットワークは、畳み込みニューラルネットワークと通常のニューラルネットワークを組み合わせた、かなり多層のディープニューラルネットワークになっています。入力層のニューロンに、画像を入力します。数層のちのニューロンでは、その画像の特徴が抽出されます。すなわち、ある特定の幾何学的な特徴に対して、選択的に反応するニューロンの層になっています。さらに何層かのちのニューロンでは、目・鼻・口といったいわゆる画像の部品に対して反応するニューロンの層ができています。そしてさらに何層かのちのニューロンでは、人の顔・猫・犬などの物体に反応するニューロンになっています。この最後のニューロンの反応を見れば、このニューラルネットワークが画像のなかに写っている物体を認識したことになるわけです。

前述のとおり、入力の画像には、何が写っているかの情報は与えていません。すなわち、上記の目・鼻・口のような部品は、このニューラルネットワークが、たくさんの画像の中から類似したものを見つけて、自動的に分類したわけです。また、やはり上記の人の顔・猫・犬などの物体も、目・鼻・口のような部品の系統的なサイズや位置関係などの関連性から、このニューラルネットワークが自動的に分類したわけです。本書のはじめのほうで、以前の人工知能の研究開発において、さまざまな状況における膨大な学習方法をあらかじめ準備できなかったことが、人工知能の発展の障害となっていたことを述べました。入力する情報も大量になってきますと、そのラベル付けも不可能です。このディープラーニングでは、ある意味で自ら学習の方法をみつけ、ラベル付けも行うことになります。このため、これまでの人工知能における発展の障害が、一気に解消された、すなわち、人工知能でできない理由がなくなった、といえるでしょう。それだけ画期的な成果だったわけです。

画像認識の話に戻りますと、最近は、人工知能を用いた画像認識は、Google、Facebook、百度など、WEB における画像データの蓄積が膨大となるとともに、その自動的な検索が必要とされ、もう既にさまざまなサイトで用いられつつあるようです。もちろん、1000台のコンピュータで 3 日間かけるわけにはいかないので、より効率的または簡易的な方法によるものではあります。

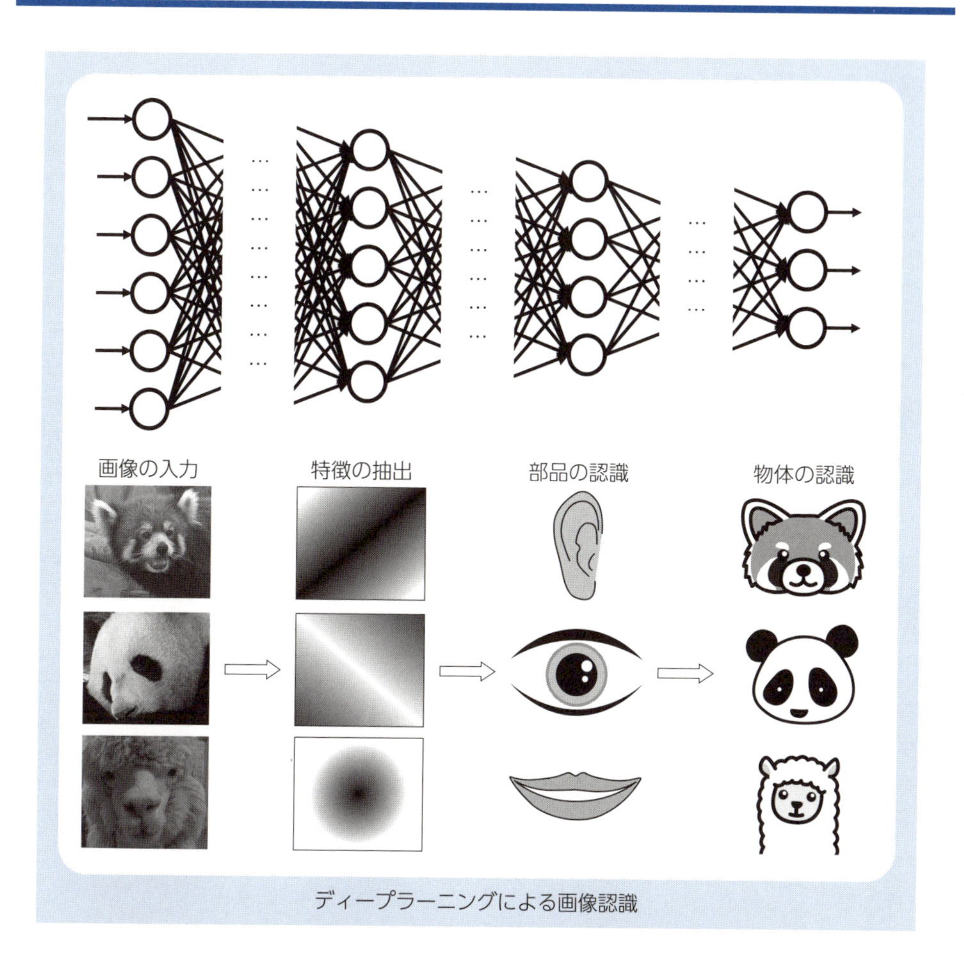

ディープラーニングによる画像認識

3－3　医療画像診断

画像認識の技術を医療画像に応用すれば、病理診断ができるようになります。レントゲン・エコー・MRI・CTなど、さまざまな医療画像が病理診断に用いられています。これらで発見される症状は、悪性腫瘍など命にもかかわる極めて重要なものも多くあります。しかしながら、これらの画像から診断を行うことは、あきらかな異常ならば判断は容易ですが、微妙な判断が必要とされる特に初期の症状では、専門医の豊富な経験に基づいた、慎重で的確な判断が必要とされます。装置はお金さえあれば揃いますが、熟練した専門医はなかなか揃えられるものではありません。そこで、人工知能による画像認識の出番となります。

まず、あらかじめ、多数の画像を、人工知能に学習させておきます。すなわち、健康なかたの画像と異常のみられる画像とを学習させておきます。そして、新たな患者の画像が得られたときに、この人工知能に、その画像が正常か異常かを、判断させるわけです。また、たとえば、ガンでは、その画像が撮影されてから、5年以上生存した患者の画像と、残念ながら5年以内に亡くなってしまった患者の画像とを学習させれば、新たな患者が5年以上生存できるか、また5年生存率を予測することができます。

なお、レントゲンの場合は比較的簡単ですが、エコーの場合は、撮影箇所を動かしながら、異常と思われたところの画像を取り込むといった方法をとりますので、動画をリアルタイムに診断することが求められます。また、MRIでは、断層写真を繋ぎ合わせて3次元的な判断もしますので、それに対応できる必要があります。

こうして、熟練した専門医がいなくても、離島であっても、休日診療であっても、正確な画像診断ができるようになります。今は、MRIやCTの高価な装置はそれだけで販売されていますが（もちろん得られた信号から2次元や3次元の画像を再構成するソフトウェアはありますが）、今後は人工知能による診断ソフトもセットで販売されるように間違いなくなるでしょう。そうすれば本当に買ってくるだけで（たとえば看護師だけでも）使えるようになります。MRIやCTのメーカーは、診断ソフトも含めた総合的な診断性能で、勝負するようになるでしょう。ハードウェアだけのビジネスは（半導体やディスプレイのように）すぐに後発メーカーに持っていかれるので、人工知能をからめたこのような流れは、先端開発メーカーには追い風なはずです。

この医療画像診断のような重要な仕事に人工知能がかかわるとき、いつも取り上げられるのが、責任問題です。誤診が発生したとき、責任は、病院・医師・装置メーカー・診断

Enlitic：J. Howard, Jeremy Howard imagines how advanced machine learning can improve our lives, TED, https://www.ted.com/speakers/jeremy_howard

ソフトメーカー（あるいはプログラマー）のどこにあるのでしょうか。ただ、人工知能の医療画像診断によって、救われる命は必ず増えるはずです。おかしな責任のなすりつけ合いに時間を奪われることなく、本当に正しいことに向かって進んでほしいものです。

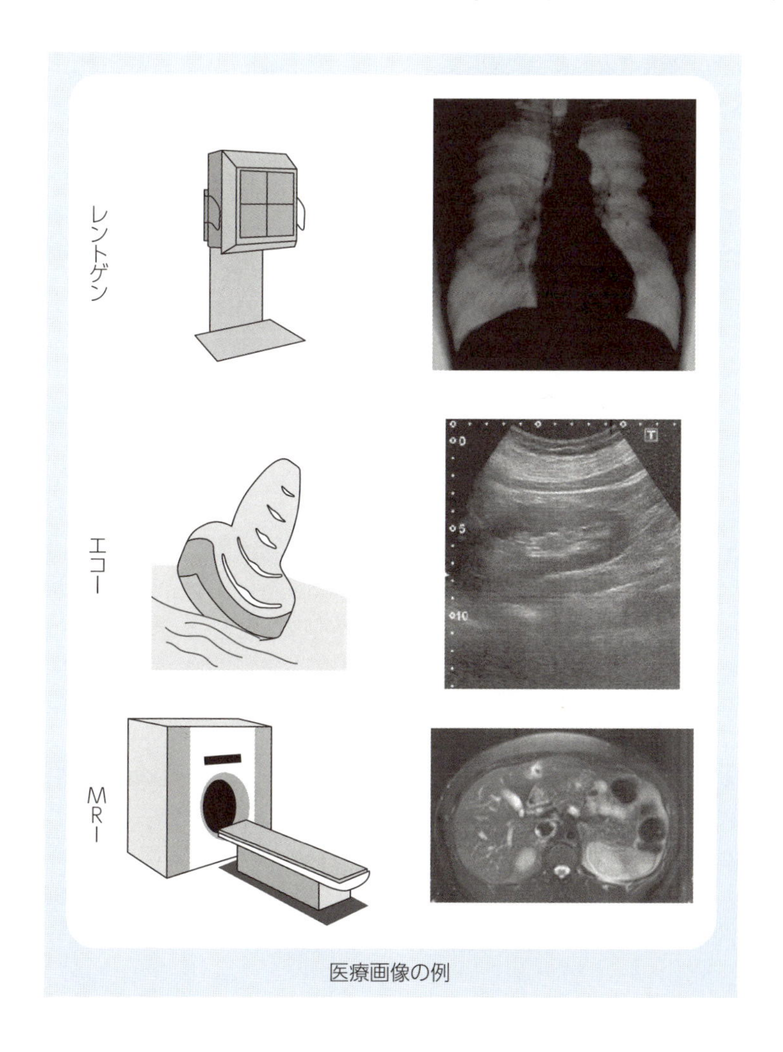

医療画像の例

3-4 顔認識

顔認識は、画像から顔のある位置を検出し（これを顔検出といいます）、その顔が誰の顔なのかを識別するシステムのことです。身近なところでは、デジカメやビデオカメラなどに用いられ、被写体として自動的にピントや露出を合わせたり、笑顔を検出して自動的に撮影したりします。セキュリティ関連では、個人を特定することで、情報機器へのログインや、監視カメラからの指名手配犯の発見などに用いられます。銀行の ATM での本人確認などへの使用も検討されています。商用では、通り過ぎる人の性別や年齢を判断し、その人に合った広告をデジタルサイネージ（＝電子看板：電子ディスプレイに表示された広告のこと）に表示したり、自動販売機に搭載して、年齢を判断し、未成年へは酒類やタバコの販売を禁止したりします。

比較的一般に用いられている顔認識の方法は、まず、目・まゆ・鼻・口などのパーツを検出します。ここでは、かなり単純な、幾何学的なパターンマッチングが行われる場合も多いです。そのあと、それらのパーツの大きさや位置関係を求めます。適切な位置関係にあれば顔だと判断し、さらに個人を特定できるわけです。また、目元や口元などの変化、すなわち、目じりが下がったり口角が上がったりすることを検出して、笑顔だと判断して、デジカメはシャッターを切ります。

認識率は、一般的に正面の画像は高いですが、斜めからの画像や、もちろん眼鏡やサングラスをかけていたり、髪が伸びて顔の一部が隠れていたり、さらには画像の解像度が低い場合など、かなり低くなる恐れがあり、また、表情にも左右されます。セキュリティ関連では、より確実な本人確認をするために、指紋認証や網膜認証などと組み合わせる場合もあります。全身が写っている動画の場合は、歩行認証と組み合わせることも可能でしょう。

最近では、顔認証のツールが市販されており、（お金さえ払えば）容易に手に入れることができます。また、顔認識に、ディープラーニングを用いた例も発表されています（DeepFace）。その認識率は90％台後半であり、ほぼ人間と同じレベルとなっています。

市販の顔認証のツール：http://jpn.nec.com/face/. http://plus-sensing.omron.co.jp/function/. http://pux.co.jp/product/softsensor/faceu/. http://windows.microsoft.com/ja-jp/windows-10/getstarted-what-is-hello. など

DeepFace：Y. Taigman, M. Yang, M. Ranzato, and L. Wolf, DeepFace: Closing the Gap to Human-Level Performance in Face Verification, CVPR 2014, pp. 1701.

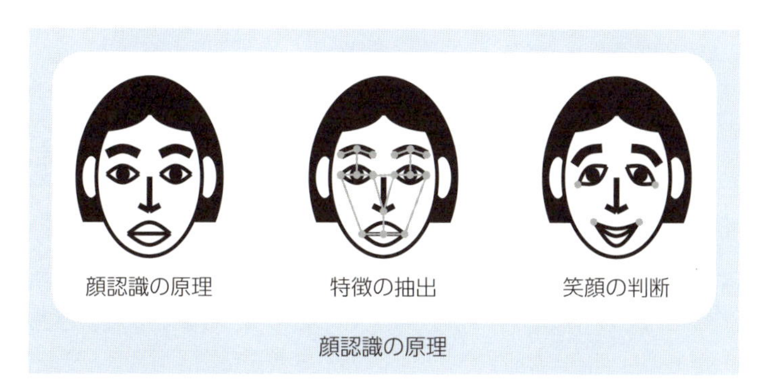

顔認識の原理

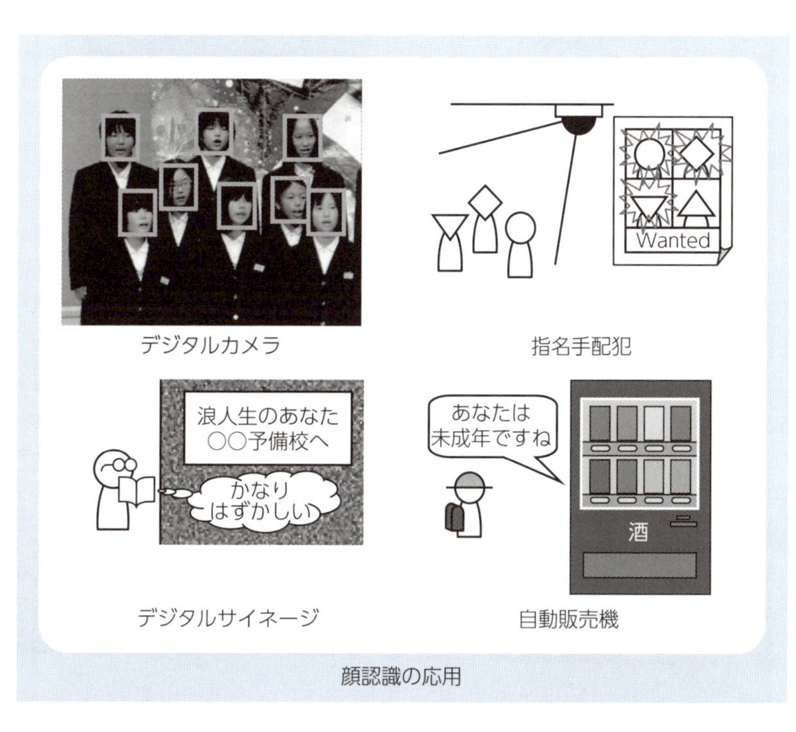

顔認識の応用

3-5　監視カメラ

顔認識と深く関連したものとして、監視カメラの画像解析が挙げられます。もちろん、前述の、指名手配犯の発見などは、そのものズバリ監視カメラのド真ん中の用途ですが、監視カメラには、家庭用や会社用から公共の場所に設置されたものまであって、それぞれ少しずつ必要とされる機能が異なります。

家庭用の監視カメラでは、発見すべきは、主に空き巣、場合によっては強盗、あるいは、被害に合っている方ではストーカーといったところでしょうか。いずれにせよ、不審人物を発見するのが必要な機能となります。外出するときや夜間ごとにスイッチを入れるのが面倒であれば、常時動作させることになりますが、この場合は、家族と不審者を区別するため、顔認証などによる本人確認が必要となります。不審者の不審の度合いも判断できることが好ましく、歩行や振る舞いなどを見ることができればなおよいでしょう。ただ、人間が判断する場合であっても、なんとなく怪しい、といった感覚がありますので、不審さの判断基準を明確にするのは難しく、いっぽうこれはニューラルネットワークの自己学習が得意とする分野ではあります。猫を飼っていたら猫が映っているのは異常ではありませんが、猫を飼っていなくて池に鯉がいて、猫が映っていたら警報を出さねばなりません。犬を飼っていたら犬はOKで、オオカミはNGです（ニホンオオカミは絶滅していますので国内ではありえないですね。ただ動物園の近くでは考慮すべきかも）が、なかなか区別が難しいところです。このように、各家庭において必要とされる機能が異なるので、まずはさまざまな物体を認識できるソフトを実装しておいて、各家庭で認識する物体を選択できるようにするのがよいでしょう。この、さまざまな物体を認識できるソフトを、監視カメラのメーカー側で、ニューラルネットワークやディープラーニングの手法であらかじめ準備しておき、ハイエンドの機種では、実際に使用している際も、学習してゆくようにすれば完璧です。

会社用の監視カメラは、しばしば自動で移動するロボットに搭載されます。地上を移動するロボットや、最近ではドローンへの搭載も流行りでしょう。会社の内部をくまなくパトロールしたり、万一のときに追跡したりします。後述のロボットとしての人工知能とコミュニケーションをとりながらの動作となります。

公共の場に設置されたカメラによる監視は、シティーサーベイランスと呼ばれ、現在そして今後の社会的なセキュリティのかなめです。街角や公共の建物や道路や踏切など、また日本ではあまり関係ありませんが、海外では国境警備などにも威力を発揮します。家庭用や会社用のものと異なるのは、その情報量が膨大で、いわゆるビッグデータであること

Deep Learningによるカメラ画像解析：TeraDeep, http://www.teradeep.com/

です。複数の監視カメラの情報を総合して判断しないといけないこともあるでしょうから、このビッグデータをどう効率的に処理するかが課題となるでしょう。

家庭用の監視カメラのカスタマイズ

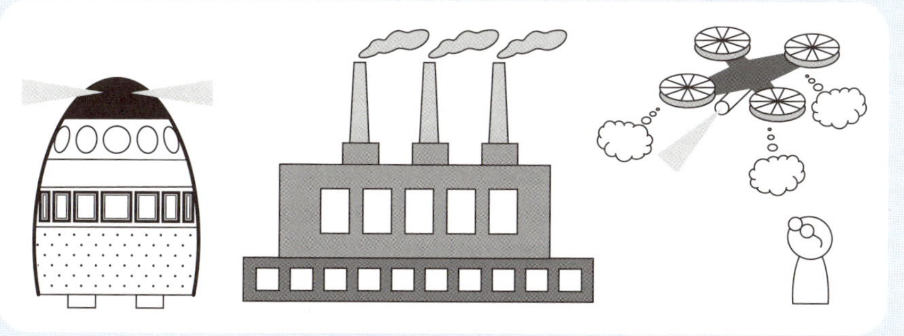

会社用のロボットに搭載される監視カメラ

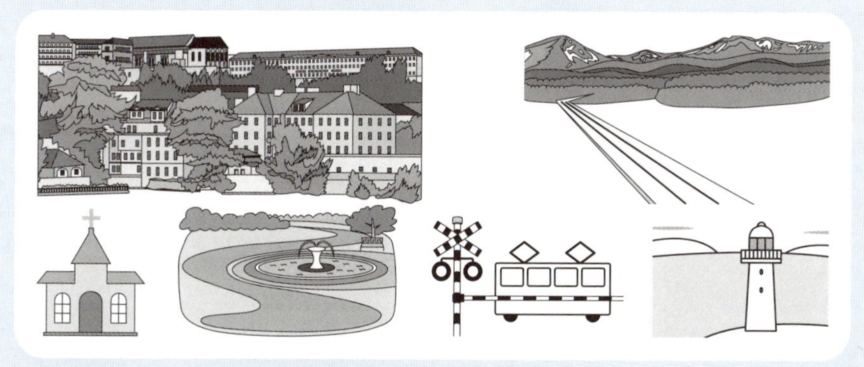

公共の場に設置される監視カメラ

3-6　会話ボット
－ELIZA からトロ・シーマンそして Siri・パン田一郎へ－

会話ボットとは、話しかけられた内容を自然言語処理などの手法で解析し、キーワードなどを抽出して、それに関連する「あらかじめ決められた」回答を返す人工知能です。決められた回答を返すだけなので、謙遜の意味も込めて、人工無脳と呼ばれることもありますが、本ページ末に書かせていただくとおり、個人的には十分に立派な人工知能であると思われます。また、さまざまな応用も実際に広まっています。

会話ボットの先鞭といえるのが、1960年代中盤に開発されたELIZA（イライザ）でしょう。これは、精神科医が患者との治療のための対話を模倣したものです。おそらくは人道的な理由から実際の治療に用いられることはほとんどなかったと思われますが、以降の会話ボットの開発にはおおきな影響を与えたとされています。1990年代後半には、家庭用ゲーム機の普及とそのハードウェアの急速な進歩により、ゲームソフトのなかの、トロ(井上トロ)・シーマンといった会話ボットが有名となりました。さらに現在では、インターネットの普及により、さらに進化した会話ボットとして、アップル社のiOSむけのSiri（Speech Interpretation and Recognition Interface）や、もともとは求人検索のための対話エージェントとしてつくられたLINEの公式アカウントの「パン田一郎」などが、多くの人々に使われています。

パン田一郎のプレスリリースの資料によれば、LINEのユーザーからの発言に対して、自然言語処理によりキーワードなどを取り出し、特に求人や天気などに関連する内容であれば詳しい情報を含んで、応答を返すシステムになっています。ユーザー状態も考慮されるので、適した回答が選択されるなど、自然な対話が成り立つわけです。

さまざまな回答が返ってくるので、あたかもその文章を新たに組み立てているかのように感じられますが、会話ボットではあくまで上記のとおり「あらかじめ決められた」回答を返しています。その回答の例文がきわめてたくさんあり、また場合によっては自ら学習して増やしてゆくので、話しかけたものにとっては常に新しい回答となるため、不自然さは感じられないわけです。ただ、よく考えてみると、我々人間も、日常生活のほとんどの会話は、決まりきった文章や、過去に使った言い回しではないでしょうか。人間らしさとは、会話の意味や文章の新規性というよりは、言い回しのようなものが支配的なのかもしれません。そういった意味では、会話ボットも、我々人間の知能の一部をちゃんと模倣しているものだと思われます。

井上トロ（『どこでもいっしょ』シリーズ）© Sony Computer Entertainment Inc.

Siri

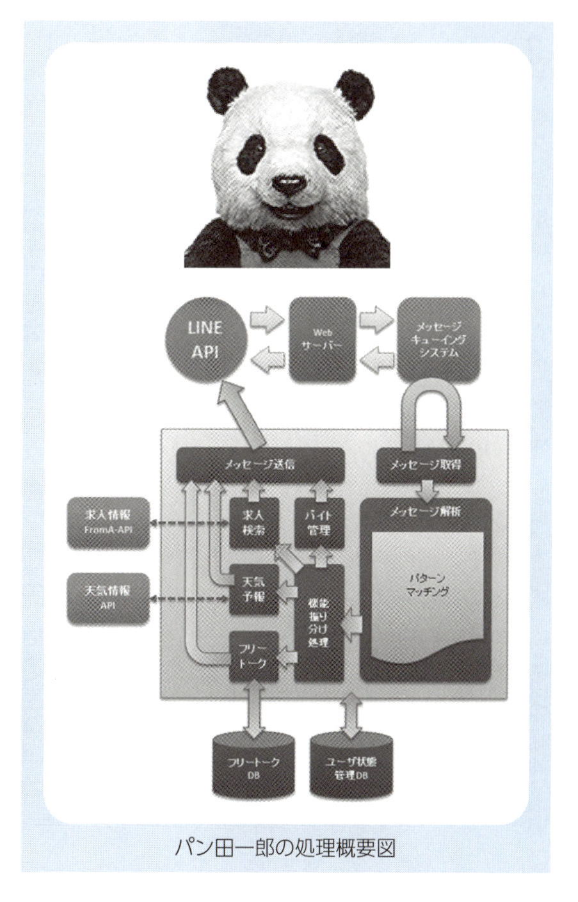

パン田一郎の処理概要図

パン田一郎：リクルートジョブズ、リクルートテクノロジーズ、LINE ビジネスコネクトを活用し自然言語処理技術による会話を実現した LINE 公式アカウント「パン田一郎」をリリース～パン田一郎との会話で、多くの人のバイト生活をサポート～、http://atl.recruit-tech.co.jp/news/linepanda/

井上トロ：1999年に株式会社ソニ・コンピュータエンタテインメントから発売された PlayStation® 用ゲームソフト『どこでもいっしょ』に登場するキャラクター。プレイヤーがキャラクターに言葉を教えることにより、キャラクターの会話バリエーションが増えていく。http://www.jp.playstation.com/dokodemoissyo

3-7　質問と回答
－Watson・銀行受付・ホテルフロント・東大入試－

会話ボットでは、自然言語処理により、キーワードなどを取り出すまでのことはしますが、一般的には構文解析などより複雑なことはしないため、文章そのものの意味まではわかりません。そのため、何かを質問しても、適切な回答が得られないことが多くあります。特に日本人は、会話のなかでストレートな質問をすることは少なく、だからこそ会話ボットでの会話が自然に感じられてきたのかもしれません。

質問に対して、適切な回答を返すためには、その質問の文章を解析してその意味を理解しなければなりません。そのためには、より高度な自然言語処理が必要となります。仮にその回答がわからなくても、質問の意味がわかれば、どうわからないかを応答することができます。

ただし、質問の意味を本当にわかるためには、膨大な知識が必要となります。たとえば、「義理の両親が田舎から出てくるんだけど、いい店ないかな」と質問したとします。人間でしたら、「義理の両親」なんだから自分は結婚しているわけで、その両親なのだからそれなりのお年寄り、この文脈なら「いい店」はレストラン、お年寄りなので和食のほうがいいかな、いいところも見せたいからそれなりの雰囲気のところか、などと瞬時に（考えるというより）感じるでしょう。自然と自分の持っている知識を総動員しているわけです。つまり、レストランの検索サイトであっても、ありとあらゆる知識がなければ、質問の意味を本当に理解し、適切な回答を得ることができないわけです。

現在は、インターネットがあり、重要であるかどうかはともかくありとあらゆる知識が電子的にアクセスできます。IBM が開発しクイズ番組 Jeopardy! で歴代チャンピオンを破ったことで有名なシステムである Watson は、単語の意味の有機的なつながりを記述する「概念辞書」を、自動的に生成できる、とされています。これも定義的には一種の機械学習で、膨大な知識を蓄積することで、質問の意味を理解するとともに、その回答も正しく得られるようになるわけです。ただし、ステルスモードとして秘密裏に開発されたこともありよくはわかりませんが、構文解析は限定的だとも言われています。なお、IBM は、「人工知能」には「人間にとって代わる」というダークなイメージがあるとして、Watson を人工知能とは呼ばず、「コグニティブ・コンピューティング・システム（Cognitive Computing System）」と呼んでいます。

DeepQA：D. Ferrucci, E. Brown, J. Chu-Carroll, J. Fan, D. Gondek, A. A. Kalyanpur,A. Lally, J. W. Murdock, E. Nyberg, J. Prager,N. Schlaefer, and C. Welty, Building Watson: An Overview of the DeepQA Project, AI Magazine, 59-79, 2010.
Watson：http://www.ibm.com/cognitive/jp-ja/outthink/

IBMのWatson

クイズ番組で人工知能が人間に勝利

最近は、みずほ銀行・三井住友銀行・三菱東京 UFJ 銀行などで、Watson のシステムを応用した、コールセンターの補助業務・対話エージェント（お客の質問に答えるシステム）・接客ロボットなどを導入あるいは検討しています。やはり、さまざまな知識を「新人研修」のうちに吸収させ、実際の現場に投入されてからも学習を続けるシステムとなります。みずほ銀行や三井住友銀行では、コールセンターの補助業務として、Watson を活用します。客からのさまざまな問い合わせ（音声電話の場合もメールや WEB からの場合もある）に対して、オペレータが Watson に問い合わせると、Watson は膨大なデータベースのなかから適切なデータを選択してオペレータに答え、オペレータはその情報をもとに客に回答します。オペレータがさまざまな情報を検索する必要がなくなり、業務の負担の軽減につながります。また、客の側から見れば、Watson が答えるのは瞬時なので、電話口で保留の音楽を聴きながら何分も待たされる、といったことがなくなり、また適切な回答も得られるようになり、サービスの向上につながるでしょう。いっぽう、三菱東京 UFJ 銀行では、接客ロボットとして、ロボット行員 NAO を、既に試験的に導入しています。通常の銀行のフロアでは、客がどの窓口に並べばよいか、あるいは、どの書類を書いておけばよいかを教えてくれる行員さんがいますが、その代わりというわけです。

日本でも、東大入試に合格する人工知能「東ロボ」を開発しているプロジェクトがあります。もちろん東大入試に合格するのが最終目標ではなくてあくまでベンチマークとして使っているだけですが、東大入試に合格したシステムをそのまま東大で学習させて卒業させると、国会答弁に関して完璧な高級官僚が育つのでしょうか。数学や理科では、図やグラフを理解しなければならないため、画像認識も含んだ、より進んだ統合的な人工知能となります。

ハウステンボスの「変なホテル（という正式なホテル名です）」では、ロボットがホテルのフロントの業務を行います。公式ウェブサイトいわく、「先進技術を導入した世界初のホテル」で、「快適で心地よく宿泊できるホテルをリーズナブルに提供するために、生産効率の向上に取り組んでいます」だそうです。他にもクロークやポーター、客室内のサポートなど様々な場面でロボットが活躍しています。ロビーに待機するコンシェルジュロボットは、三菱東京 UFJ 銀行のロボット行員 NAO と同じロボットのようです。

東ロボ：ロボットは東大に入れるか、Todai Robot Project, http://21robot.org/

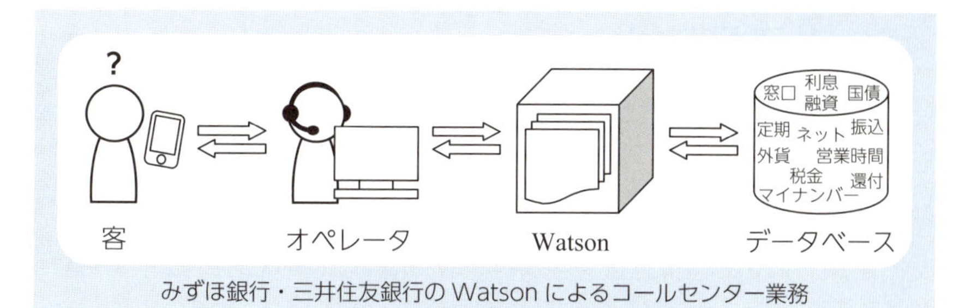

みずほ銀行・三井住友銀行のWatsonによるコールセンター業務

© Softbank

三菱東京UFJ銀行の
ロボット行員NAO

© Softbank

変なホテル

3-8　外国語翻訳

これまでの自然言語処理とは異なるアプローチが、2014年にGoogleが提案した、リカレントニューラルネットワークによる機械翻訳技術です。これは、英語の単語を順々にリカレントニューラルネットワークに入力すると、フランス語に翻訳された単語が順々に出力されるというものです。

より詳しく説明するために、たとえば、英語「She has an Akita dog.」から日本語「彼女は秋田犬を飼っています」への翻訳を考えます。まず、英語の最初の単語「She」を、英語を入力するためのリカレントニューラルネットワークに入力します。つぎに、このときの隠れニューロンの状態と英語の2番目の単語「has」を、同じリカレントニューラルネットワークに入力します。これを、最後の単語まで繰り返して、文章終了（End od Sentence）EOSを入力すると、出力を得ます。この出力は、きわめて多数の並列の出力すなわち多数の次元をもったパラメータです。また、入力した文章のすべての情報を持っていなければなりません。なぜなら、この出力から日本語への翻訳がなされるからです。この出力を、日本語を出力するためのリカレントニューラルネットワークに入力すると、まず、日本語の最初の単語「彼女は」が出力されます。つぎに、この最初の単語とこのときの隠れニューロンの状態を、同じリカレントニューラルネットワークに入力すると、日本語の2番目の単語「秋田」が出力されます。これを、繰り返すと、最後の単語まで出力され、文章終了EOSが出力されます。英語を入力するためのリカレントニューラルネットワークと、日本語を出力するためのリカレントニューラルネットワークは、一般的なリカレントニューラルネットワークの考え方では、ひとつのリカレントニューラルネットワークでもよいですが、ここでは別個に用意したほうが、学習効率の向上が見られます。

ただし、やはり現時点では「機械的な」機械翻訳であって、まだまだ自然な翻訳にはなりません。原文の意味が正確にわからなければ翻訳にはなりませんが、前述のとおり、文章の意味を本当にわかるためには、膨大な知識が必要となります。ふたたび例を挙げますと、たとえば、「黒髪の美しい少女は泣きながら逃げる子犬を追いかけた」という日本語を英語に直すと、普通は「A girl with beautiful black hair was crying and chasing a running puppy」といったところでしょうか。これをある翻訳サイトにかけると、「Black hair of the beautiful girl was chasing a puppy run away crying」となりました。人間が翻訳するときは、「黒髪」はたいがい「美しい」ことを想定している、「泣く」のは「少女」であって「犬」ではない、というようなことを知ったうえで、訳しているわけです。すなわち、本当に自然な翻訳にするためには、人間のもつすべての知識が必要となるわけです。将来的には、外国語翻訳のためのリカレントニューラルネットワークは、膨大な知識のネットワークとつながっている必要が出てきます。

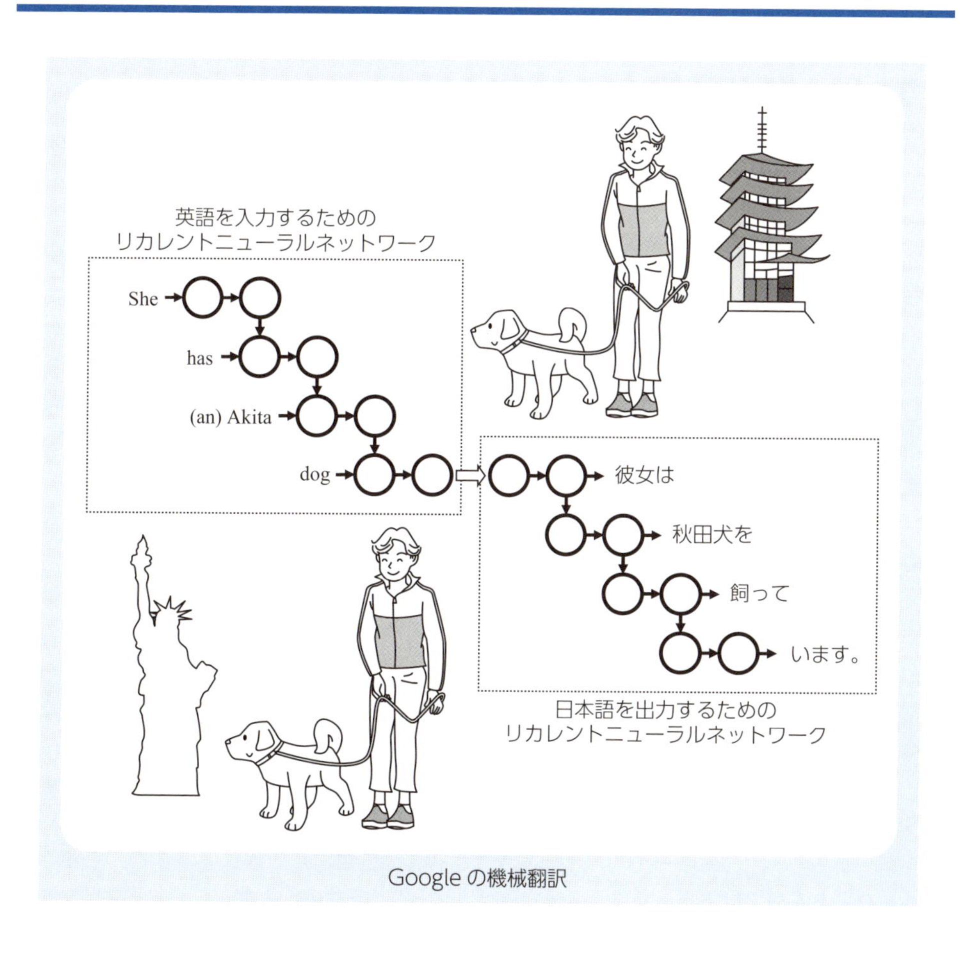

Googleの機械翻訳

Googleの機械翻訳：I. Sutskever, O. Vinyals, and Q. V. Le, Sequence to Sequence Learning with Neural Networks, Advances in Neural Information Processing Systems 27, 1-9, 2014.

3-9　文献要約

以前は、文献といえば、学術的には論文など、書店には教科書・参考書・娯楽としては小説・雑誌など、時事として新聞くらいに限られていました。しかしながら、近年では、一般の人々も、インターネットを通じて、さまざまな文章を公開できるようになっています。このような大量の文献が発信されるなかで、それらの要約を自動的に作成することが、意味があるようになってきました。

最近、AP 通信は、記事の作成に人工知能を導入することにしました。ただし、記事全般ではなく、企業の決算に関する記事だそうです。この種類の記事は、内容がおおよそ同じようなものであるため、自動化が容易です。いろいろな数字が出てきてそれらの計算も必要となるので、計算機向きでしょう。この人工知能の導入により、人間の記者は仕事を奪われるのではなく、その数字の裏に隠された意味を解説したり、現在や今後の動向を考えたりと、より深い記事をつくってゆくことになります。実はこれまでも、スポーツ記事などは自動化されていたとのことです。

ただしこれは、人工知能といっても、単に一定のルールに従って文章を作成しているだけのものもかなりあります。最も簡単なものは、最初の 1 文を取り出すというものです。Microsoft Outlook の新着メールのポップアップなどはそうですね。そのほか、あるキーワードを含んだ文を抽出する、などです。決算の書類では、「売上」とか「好調」とかです。

もう少し進んだものになりますと、自然言語処理の技術を用います。まず、文章から重要な文を抽出します。次に、それぞれの文を短縮します。右頁の真ん中の図に、例として、童謡「おもちゃのチャチャチャ（作詞：野坂昭如）」を要約してみます。まず、重要なキーワードを見つけます。特に、名詞でしばしば出てくるものは、キーワードとなります。ここでは明らかに「おもちゃ」です。一方、擬声語・擬態語は通常はキーワードにならないので、「おもちゃの チャチャチャ」は「チャチャチャ」を除くと文にならないので選ばれません。そうしますと、1 文だけ残ります。次に、文を短縮します。残った文のなかの単語で、「きらきら」「すやすや」は修飾語であまり重要でなく、また「おもちゃ」は冗長ですので省略すると、「そらに おほしさま　みんな ねむるころ おもちゃは はこを とびだして おどる」となります。まあ、この歌は、たしかに、そういう歌でしょうね。ただし、作品としては味気ないものになりましたが。

Web ニュースにも自動要約の機能を備えたものがあります。その説明には「『わりと』正確な自動要約」とあります。なかなか謙虚ですが、実際にはほぼ完璧です。

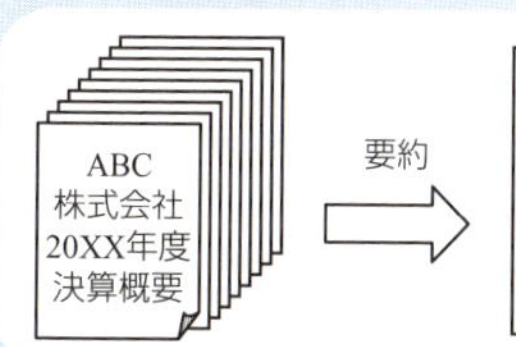

ABC株式会社の20XX年度の売上は、abc 億円、経常利益はdef億円で、当初の予算より好調に推移しました。
これは、主力事業である人工知能搭載カニしゃぶ専用鍋の売上が堅調であったことに加えて、事業の選択と集中により収益構造が改善したこと、為替レートが円安に移行したことなどによるものです。

企業の決算に関する記事の要約

そらにきらきら　おほしさま　みんなスヤスヤ　ねむるころ
おもちゃは　はこを　とびだして　おどる　おもちゃの　チャチャチャ。
おもちゃの　チャチャチャ　おもちゃの　チャチャチャ
チャチャチャ　おもちゃの　チャチャチャ。
なまりの　へいたい　トテチテタ　ラッパならして　こんばんは
フランス人形　すてきでしょう　花の　ドレスで　チャチャチャ。
おもちゃの　チャチャチャ　おもちゃの　チャチャチャ
チャチャチャ　おもちゃの　チャチャチャ。

キーワード「おもちゃ」⇓重要な文を抽出

そらにきらきら　おほしさま　みんなスヤスヤ　ねむるころ
おもちゃは　はこを　とびだして　おどる　おもちゃの　チャチャチャ。

冗長部分の削除⇓単語の省略

そらに　おほしさま　みんな　ねむるころ
おもちゃは　はこを　とびだして　おどる。

文献要約の一例

北日本・北陸で大荒れに北海道は猛吹雪警戒
発達した低気圧が通過するため、北日本と北陸では28日にかけて雪を伴って非常に強い風が吹き、大荒れの天気になる見込みです。気象庁は、暴風や高波に加えて、北海道では猛吹雪にも警戒するとともに、雪による交通への影響などにも十分注意するよう呼びかけています。気象庁によりますと、日本海にある低気圧や上空の寒気の影響で、27日は西日本でも標高の高い場所を中心に雪となり、広島市と鳥取市、それに和歌山市で初雪を観測しました。
北日本と北陸では非常に強い風が吹いていて、北海道えりも岬では午前4時半すぎに36.2メートル、北海道根室市では午前11時すぎに28メートルの最大瞬間風速を観測しました。
北海道では東部を中心に雪が強まり、午前11時の積雪は、帯広空港で62センチなどとなっています。……

北日本・北陸で大荒れに北海道は猛吹雪警戒
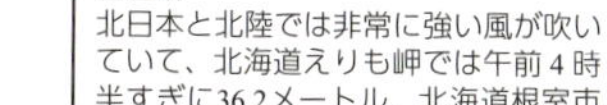
北日本と北陸では非常に強い風が吹いていて、北海道えりも岬では午前4時半すぎに36.2メートル、北海道根室市では午前11時すぎに28メートルの最大瞬間風速を観測しました。
28日にかけての最大風速は、東北の陸上で22メートル、北海道と北陸の陸上で20メートル、北海道と東北、北陸の海上で20メートルから25メートル、最大瞬間風速は北日本で35メートルに達すると予想されています

Webニュースの自動要約

SLICE NEWS：http://slicenews.net/about

3-10 文章生成 ―画像キャプション―

前記の外国語翻訳すなわちリカレントニューラルネットワークによる機械翻訳技術において、文章の入力を画像の出力に置き換えたものが、2014年にGoogleが公開した、画像にキャプションを付ける技術です。画像を畳み込みニューラルネットワークの機能を備えかつディープラーニングで学習させたニューラルネットワークに入力すると、機械学習により獲得された機能により、その画像の意味をもつさまざまな特徴量が抽出されます。それを順々にリカレントニューラルネットワークに入力すると、その画像のことを説明するキャプションが得られるというわけです。

Googleによれば、いまだ正しいキャプションが得られる場合と、そうでない場合があるようです。画像に自動的にキャプションを付けることができるようになると、それらの画像の検索ができるようになります。将来的には動画にも応用できるでしょうから、たとえば、「京都の郷土料理が映った動画」とか、「ロスタイムで逆転したラグビーの試合」などといった検索も可能になるでしょう。

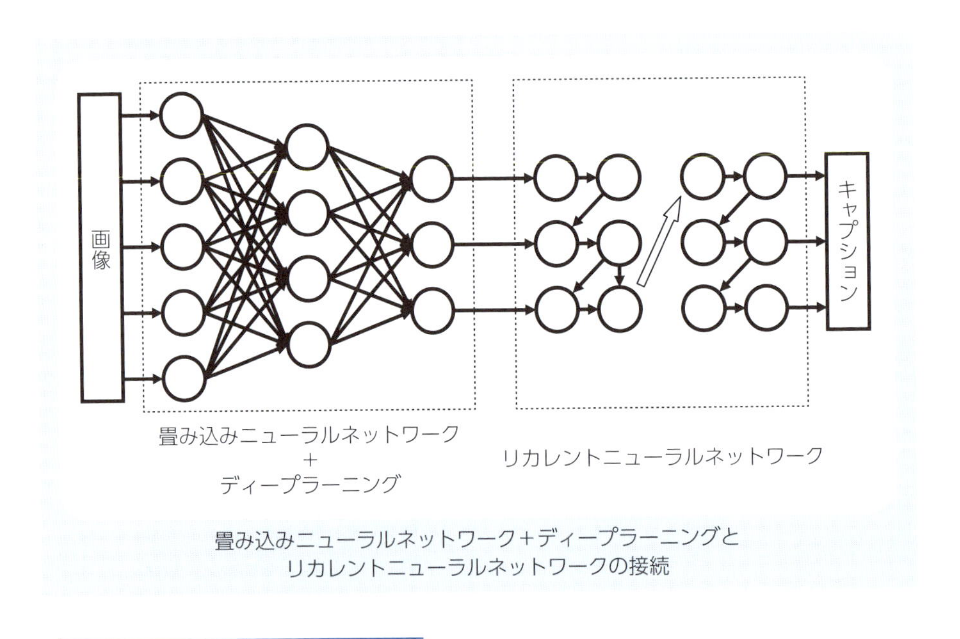

畳み込みニューラルネットワーク+ディープラーニングと
リカレントニューラルネットワークの接続

Googleの画像キャプションの自動生成：http://googleresearch.blogspot.jp/2014/11/a-picture-is-worth-thousand-coherent.html

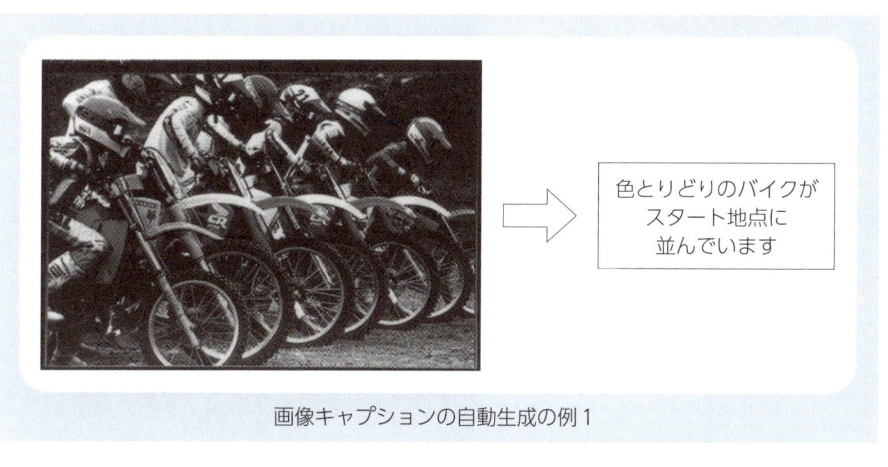

画像キャプションの自動生成の例 1

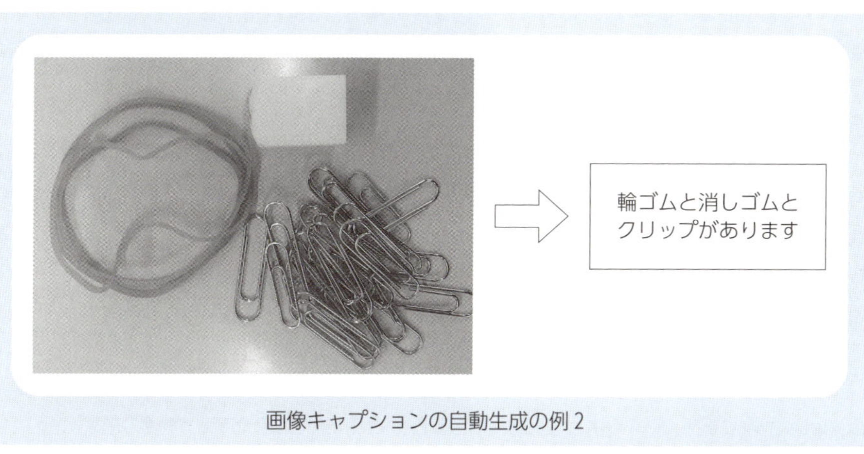

画像キャプションの自動生成の例 2

3-11　小説と絵画

人工知能による言語に関連する技術のなかで、最も高度だと思われるものが、小説の執筆でしょう。小説に比べれば、論文や報告書の作成は、客観的な事実を説明するだけでよく、また定型もあるので容易でしょう。小説のようなクリエイティブなものを人工知能は書くことができるでしょうか。

実は既にプロジェクトがスタートしています。「きまぐれ人工知能プロジェクト 作家ですのよ」は、星新一のショートショート全編を分析し、人工知能におもしろいショートショートを書かせるプロジェクトです。既に、人工知能と人間による共同作品をコンテストに応募しています。まずは短編からはじめて、将来的には長編小説も目指し、芥川賞や直木賞も夢ではないとしています。このプロジェクト自体がまるで星新一のショートショートのようです。

この人工知能は、参考にした小説家のような文章を書くのですが、それは純粋な創作でしょうか？　私はこれも創作だと考えます。生身の小説家もそれまでに読んだほかの作品の影響を受けながら、さまざまな経験も生かして、自分の作風を創っていきます。人工知能にも同じことができると考えています。

ただし、人工知能は、その小説の面白さだとか含まれているユーモアだとかを、はじめのうちは理解できないとされています。しかしながら、「理解」とはなんでしょうか？　参考とする小説家の文章をたくさん読んでゆくうちに、共通する特徴を見つけ、それに類するものを自分で作れるようになれば、「理解」と言えなくもないと思います。さて、人工知能が小説を書き、それを面白いと感じる人工知能が出てくれば、作家も著者も人工知能で人間は蚊帳の外、といったブラックな状況も考えられますね。

同じ芸術作品という意味では、人工知能に絵画を書かせることも考えられます。Google が取り組んでいるようですが、こちらはとてもまだまだで、今後の展開が待たれます。

年賀はがきのイラストで、2003年に羊が編んでいたマフラーが2015年に編み上がっていたり、2004年にひとりで温泉に入っていたサルが2016年には子供ができていたり、このほほえましいユーモアを人工知能が理解できるようになるのはいつでしょうか。

きまぐれ人工知能プロジェクト 作家ですのよ：http://www.fun.ac.jp/~kimagure_ai/
Google の人工知能による絵画：http://googleresearch.blogspot.jp/2015/06/inceptionism-going-deeper-into-neural.html

人工知能による小説

人工知能による絵画

3-12 エキスパートシステム

「エキスパートシステム」は、たくさんの知識を持った専門家の代わりをする人工知能です。ある特定の専門分野での問題について、いくつかの入力をすると、適切な応答をしてくれるようなシステムです。専門知識だけでよく、一般知識を含めない範囲では、必要な知識の量は少ないので、システムを完成することは可能です。ただし、最初の章に書いたとおり、本当に専門家の代わりになるには、一般知識も必要とされるようになりますので、人間の補助的な役割をするのが適切でしょう。たとえば、夜間診療で小児科の当直医しかいない場合に皮膚病の患者を診断するとき、とか、量子物理の学者が物性実験結果から有機化合物の分子構造を決定したいとき、などです。ピッタリとは一致しないけれども、似た分野の専門家ですので、それほど想定外の入力はしないので、専門分野だけの知識があれば、人工知能は答えることができます。

これまでに開発されたエキスパートシステムとしては、化学分野では、エドワード・ファイゲンバウム（Edward Feigenbaum）らにより開発されたDENDRAL（Dendritic Algorithm）では、質量分析法などの実験結果から、主に有機化合物の分子構造を決定します。ふたつのプログラム「Heuristic Dendral」と「Meta-Dendral」から成ります。Heuristic Dendralは、質量分析法から得られた分子量から分子構造を決定することに使われるシステムです。しかしながら、分子量が大きくなると、分子構造は複雑になり、考えられる分子構造は爆発的に増加します。そこで、経験的（ヒューリスティック）に、確からしくない仮説を捨ててゆきます。Meta-Dendralは、得られた結果をHeuristic Dendralにフィードバックする学習システムです。

医療分野においては、スタンフォード大学で開発された感染症の専門医の代わりをするMYCINでは、さまざまな質問に順番に答えてゆくと、病気を特定し、診断を下してくれます。DENDRALから派生したシステムとされています。500程度のルールが用意されていて、患者は質問に、はい／いいえ で答えます。（質問はツリー構造になるので、500の質問に答えるわけではありません）そして、細菌名と信用度やその根拠と治療方法を提示します。ただしい診断を下す確率は60％台後半であり、これは分野外の医師よりもよいですが、80％の確率で正しい診断を下す専門医よりは劣る、といった能力でした。やはりここでも、通常の医師の補助的な役割としては、有用であることがわかります。

そのほか、最近では、法律業務・会計業務・金融業務などのエキスパートシステムもあり、そのレベルはさまざまです。最も先端的なエキスパートシステムをつくるひとつの方法は、その専門分野についてのたくさんの文章を、自然言語処理をして意味をとらえたのちに、オントロジーの技術を用いて、意味ネットワークをつくればよいです。つまり、規模は専門分野に限られますが、一般の意味ネットワークをつくるときと同じ方法をとればよいのです。ただし、やはり前述のとおり、その知識は専門分野に限られますので、全体としては同じ分野ではあるけれども細分類としては分野の異なる専門家が、補助的に使うというのが実用的でしょう。

コラム

ヒューリスティック探索法

何らかの評価基準で順位をつけることで、効率的に正解に近い解を得る発見的探索法のことです。ときに経験的な評価基準を用いることもあります。最適解が得られる保証はありませんが、少ない時間で正解に近い解にたどり着くことができます。

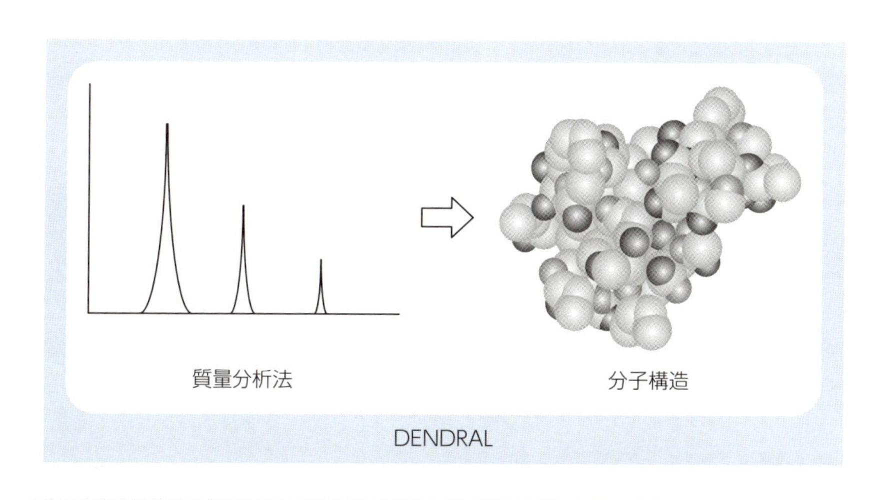

DENDRAL

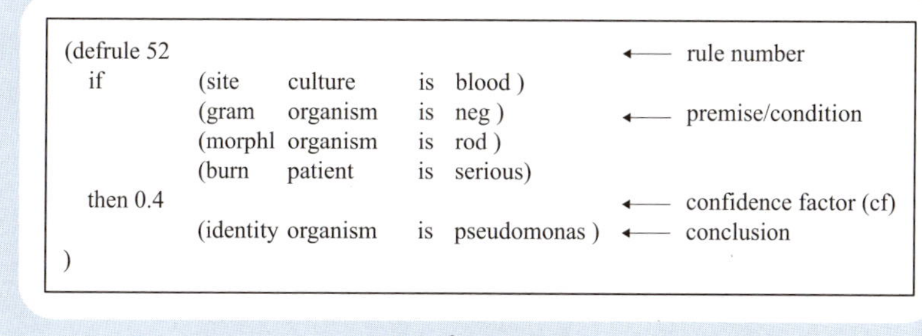

エキスパートシステム

3-13 ビッグデータ・IoT・M2M・トリリオンセンサ

最近は、学問分野から産業分野まで、いろいろなところで「ビッグデータ」の話が出てきますが、これほどあいまいな用語もほかにないと思います。なお、Large と違って Big には、主観的な意味合いがあるので、ビッグデータは、「なんて大きなデータ」的なニュアンスがあって、感覚的にも合っています。とにかく大きいと感じるデータがすべてビッグデータとなるわけです。

ほかにも、IoT（Internet of Things、モノのインターネット）、あるいはその発展形の IoE（Internet of Everything）、また、M2M（Machine-2-Machine）など、一部ビッグデータと重なるコンセプトの言葉があります。機械や機械とはよばないような些細なものすべてが、自動的にインターネットにつながる世界です。さらに少し分野を絞れば、センサーネットワークやトリリオン・センサー（Trillion Sensors）などがあります。自動的にインターネットにつながってもやりとりする情報がなければ意味がないので、それらすべてのものにセンサーが搭載されて、その情報を通信するわけです。IoT・M2M・Trillion Sensors がすすむことにより、ビッグデータがどんどんさらにビッグになっていく、といったところでしょうか。

学問的には、いわゆる巨大科学で得られる膨大なデータがあります。素粒子物理で使われる粒子加速器から得られるデータは、1イベントあたりでもかなり膨大です。ヒトゲノム計画に代表される遺伝子のデータも、どんどん増え続けています。そのほか、天文・気象・生物などの分野で、ビッグデータがますます増えています。

工業の分野でも、さまざまなシミュレーションではうっかりするとどんどんデータが蓄積されていきますし、最近の電子情報機器の進歩で、これまで紙に書かれていたり、ローカルなところに保存されていた実験結果が、かなりインターネットでアクセスできるところに置かれるようになってきています。

政府や法人や企業の公開する政治的や経済的なデータも膨大です。これらの解析は、社会をよりよくするため、あるいは単にお金儲けのために役立つでしょう。

インターネットそのものに起因する新たなデータも大量です。SNS（Social Networking Service、ソーシャル・ネットワーキング・サービス）には、大量の個人情報（写真も含む）やそれぞれの書き込みがあり、Web 上の百科事典には、まずは系統的ではないさまざまな情報がアップロードされ、通販サイトには顧客情報があり、そもそもインターネットの入り口であるプロバイダや携帯電話の通信会社では、すべてのログをとることが可能です。こうしたデータから意味のある情報を取り出すことは、データマイニング（Data Mining、Mine とは採掘すること）と呼ばれて、長年の研究分野となっていましたが、ここで他分野の情報量の巨大化とともに、ビッグデータという印象的な言葉で、一挙に表舞台に躍り出た感があります。

さてここで、ようやくそのビッグデータをどう料理するかということですが、ビッグすぎて、まず、人間が解析するのは不可能です。そのデータも一般的にバラエティに富んでいて、人間が解析のしかたを準備することも困難です。そこで、機械学習の教師なし学習、最近注目のディープラーニングの出番となります。自ら解析のルールを見つけながらの、実際の解析を進めてゆくわけです。

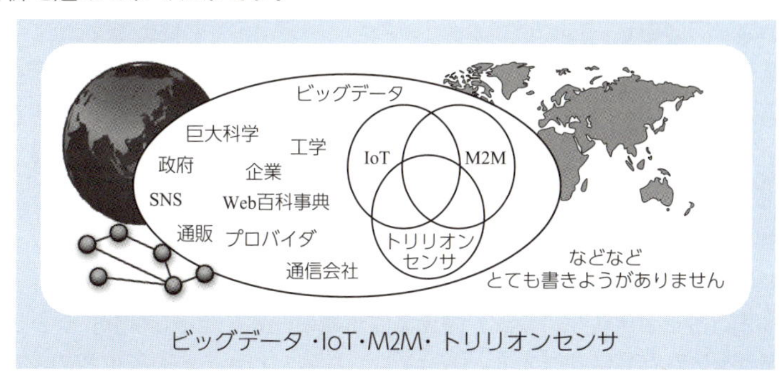

ビッグデータ・IoT・M2M・トリリオンセンサ

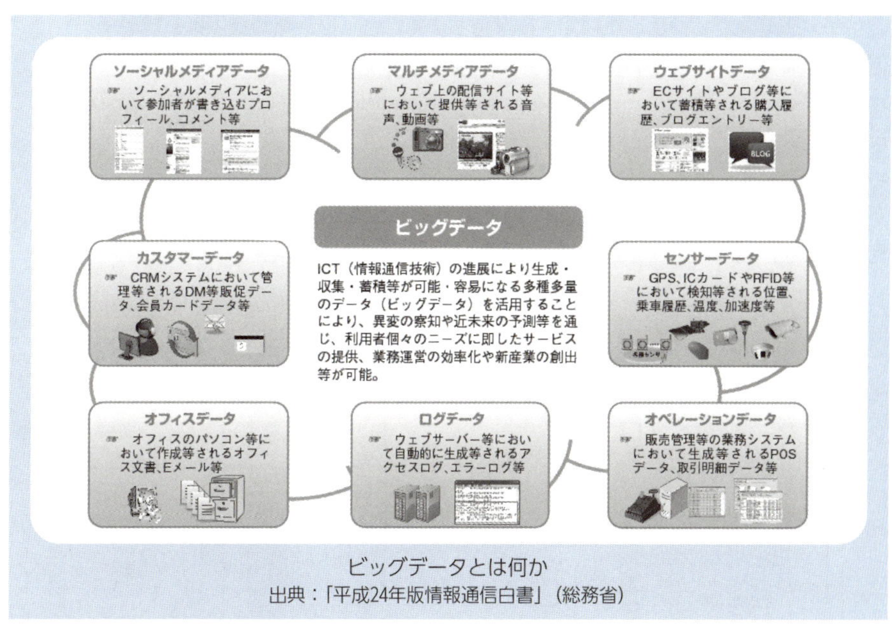

ビッグデータとは何か
出典：「平成24年版情報通信白書」（総務省）

ビッグデータ：総務省、ビッグデータとは何か、http://www.soumu.go.jp/johotsusintokei/whitepaper/ja/h24/html/nc121410.html

3-14 自動運転

自動車の自動運転の研究開発が盛んです。と書いてみて、もともと「自動」車なので、「自動」運転は当然の流れのような気がしてきました。今は、トヨタ・日産・ホンダ・スバルあるいは海外のメーカーなどといった自動車メーカーはもちろん、NVIDIA といった半導体メーカーや Google というようなインターネットサービスの会社なども巻き込んで、一大産業となっています。

自動運転では、人工知能による情報処理の前段階の、カーエレクトロニクスとしてのセンサー技術が重要です。まずは、これは既に現在の自動車に搭載されていますが、GPS や加速度・方位・車輪回転センサなどから、自車のおおよその位置を推定します。次に、カメラ・LIDAR（Laser Imaging Detection and Ranging）・ミリ波レーダー・超音波ソナーなどを用いて、局所的な自車の周辺の状況を確認します。カメラ・レーザー・ミリ波などにはそれぞれ一長一短があり、それぞれ相補的に機能させます。カメラは、対象物の距離や形状を認識できますが、夜間や雨天には認識の性能が低下します。レーザーは、距離とある程度の形状が認識できます。ミリ波は、距離がわかる一方で形状の認識は難しいですが、悪天候でも安定した検知性能を持ちます。さらに、無線機器は、自動車同士の通信を可能とし、かなりきめの細かい処理が可能となります。

LIDAR は、自車からレーザー光を発射し、それが他車や建物や地面などで反射されて戻ってくるときの時間などを計測して、対象物の距離などを決める技術です。360度をスキャンすれば、全方位の情報が得られます。こうして得られた情報から、SLAM（Simultaneous Localization and Mapping）技術を用いて、自車の位置と周辺の 3 次元の地図を作製できます。

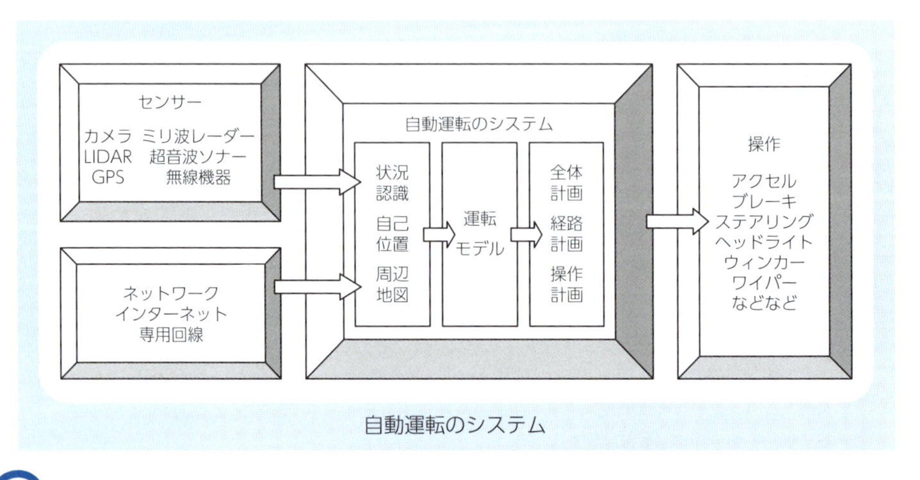

自動運転のシステム

これらの結果から、一般道・交差点・高速道路・ランプウェイなどの状況に応じて、運転モデルを選択します。さらに、出発地と目的地に対して時車の位置がどこらへんにあたるのかを考慮した全体計画、現在の走行中の道路をどのような経路で通行するのかといった経路計画、そのためには加減速や走行位置をどうすべきかといった操作計画などを立てます。その結果に基づいて、実際に、アクセル・ブレーキ・ステアリングなどの操作を行います。これらの操作は既に現在の自動車でもほぼすべて電子制御になっています。

カーエレクトロニクスにおけるセンサー技術

カーエレクトロニクスにおけるセンサー技術：藤本裕、カーエレクトロニクスを牽引する半導体技術、薄膜材料デバイス研究会 第12回研究集会、30T01, 2015.
自動運転ソフトウェア：名古屋大学「Autoware」https://github.com/CPFL/Autoware/.

自動運転はその全体が人工知能によるものになるわけですが、本書ともっとも関わりのあるところは、カメラの画像認識にあたるところです。人間が自動車を運転するときは、ほとんどを視覚情報に頼っていますので、カメラの画像を主たる運転操作の根拠にすることは今後は当然のこととなるでしょう。ディープラーニングにより、カメラの画像の物体を確認しながら、自動運転をしてゆきます。自動車は出荷時からちゃんと動作しないといけませんから、あらかじめ学習させたニューラルネットワークを搭載しておくことになりますので、学習にかかる時間はそれほど問題にはなりません。一方、画像の認識は、高速でなければ、運転の操作に追いつきません。そこで、画像の認識における膨大な情報処理を高速で行うために、前述の NVIDIA などが自社の主力製品である専用の GPU（Graphics Processing Unit）を作成し、インターネットサービスなどの会社がお得意の処理技術を駆使しています。なお、最近のケースでは、ニューロンの数は65, 000個程度であり、これはロブスターの脳の半分程度だとされています。（ロブスターが世界をどのように見ているのかわかりませんが）ディープラーニングによる画像認識で、人やほかの自動車の存在の認識だけでなく、パトカーや消防車のような緊急自動車と通常の自動車の違いや、バスがバス停で停車中なのか信号で停車中なのか、などの区別もできるようになると、いよいよ人間に匹敵した運転ができるようになるでしょう。

自動運転が実現すると、まず思いつくのは運転手なしのタクシー、つまり人工知能が運転手のタクシーが挙げられますが、その効果はもっと社会的に広範なものです。まず、効率性ですが、急加速や急ブレーキが減り、適切な加減速となることで、燃費が向上します。さらに、後述の事故の低減により、また、自然渋滞の大部分は狭い車間距離による頻繁な減速によるものであることがわかっていますので、渋滞が緩和され、時間的および経済的な損失が低減できます。

次に、安全性ですが、交通事故のかなりの部分が、人的なミスと不注意に起因していて、自動運転にすることで圧倒的に事故は減るでしょう。実際に Google などは自動運転のテスト走行を100万 km 以上していますが、ひとつも事故は起こしていません。すなわち、既に自動運転のほうが安全性で優れているといえるでしょう。人工知能の判断と人間の判断と食い違ったときにどちらを優先するかという問題もあり、これは航空機においてもボーイングとエアバスの考え方の違いもありますので、両方が存在しつづける可能性があります。

最後に、利便性ですが、自動運転により、運転免許を返納した高齢者・体の不自由な方・あるいははじめから運転免許を持っていない人などが、ひとりで自動車に乗れるようになります。もちろん社会的な利便性の効果も大きいですが、新車の販売台数ものびて、経済的効果もあるでしょう。

自動運転しているときの事故の責任は誰が取るのか、ということが、ときどき議論されています。運転者・自動車メーカー・自動運転システム開発メーカーなのか、誰でしょうか。まず自動運転になれば、飲酒していてもいいわけなので、殺人の意図でもない限り、すくなくとも刑事的な責任はないでしょう。そうしますと、民事的な賠償ということになりますが、この場合は保険料の支払いを誰がするかということに帰着するのではないでしょうか。とすれば、仮に自動車メーカーに責任があるとすると、自動車メーカーが保険料を支払うことになり、その料金は新車の価格に上乗せされますが、運転者は逆に保険に加入する必要がなくなります。自動運転として全体として事故率は下がるので、保険料は今より下がるでしょう。（それでも保険会社には有利になるはずです）その結果として、最終的には、運転者の直接のあるいは自動車メーカーを通じての保険料は減るのですから、不満が出るはずもありません。

このように、自動運転はいいことづくしです。あと少しで技術的にも完成します。そうすれば、人工知能を搭載した自動運転の自動車が、爆発的に普及すると思われます。自動運転がネットワーク経由でハッキングされる恐れが指摘されていますが、これは逆に、完全な人工知能の搭載を推奨するものでしょう。ネットワークからアクセスできるところは最小限にして、その自動車の内部だけで独立した人工知能を搭載すれば、この懸念は解決できます。

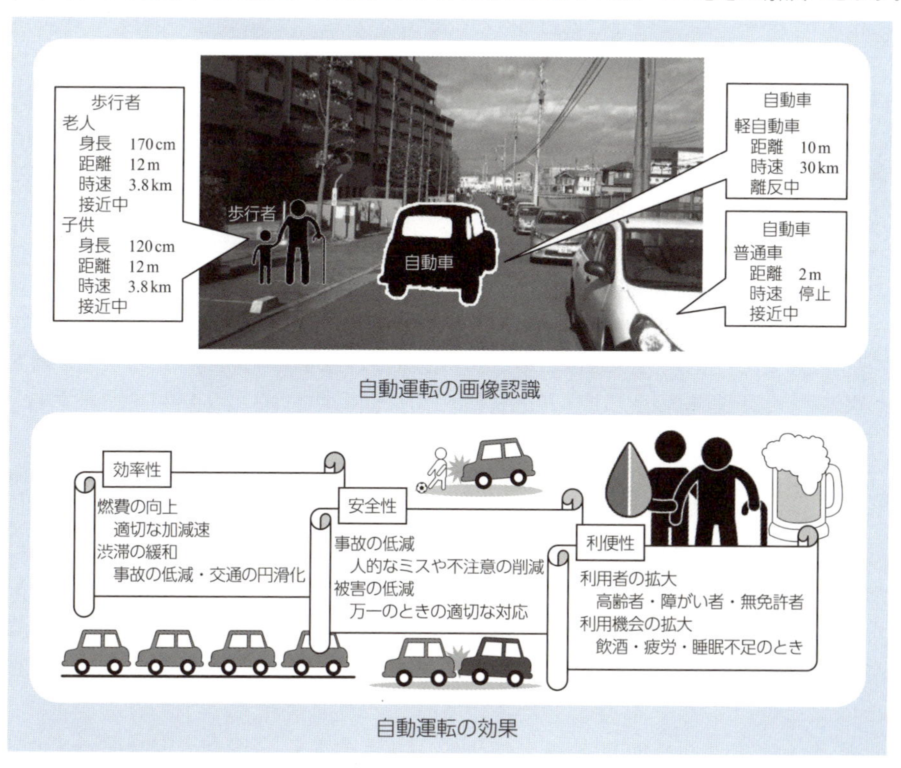

自動運転の画像認識

自動運転の効果

3-15 ロボット

ここまでに説明してきたすべての応用、すなわち、文字認識・画像認識・顔認識・自然言語処理・文章生成・自動運転などを、ひとつのマシンに搭載すれば、ロボットが完成します。より正確には、自身が移動したり物を持ったりする機能も必要ですが、それは実現可能です。自身の移動に関しては、2足にしろ4足にしろ足による移動はまだ研究開発の余地がありますが、車輪による移動ならまったく問題はありません。物を持つ機能に関しては、やはりやわらかいものや壊れやすいものについてはもう少し進歩が必要ですが、通常の物を持つことは問題ないでしょう。

人工知能には、人工的に人間をつくるといったイメージがありますので、ロボットはそのイメージどおりではあります。人工知能の個別の搭載とは異なり、個体として生命に近づいてきますので、これまでとは違った意識でとらえてゆかねばならないでしょう。たとえば、自然言語処理である文章を作ったとして、それだけならば読んで終わりですが、ロボットでしたらその文章のとおりに行動することができます。よいことをすることもあるでしょうし、悪いことをすることもあるでしょう。

ロボット掃除機は、いまはたくさんのメーカーから発売されています。ハイエンドのものは、SLAM技術（自動運転の項を参照）で部屋の形状や家具の配置を覚えて、効率的な経路で掃除をします。シャープのCOCOROBOは、人工知能「ココロエンジン」を搭載し、部屋の隅々まで掃除してくれることはもちろん、「おしゃべり上手な人気モノ」だそうです。単機能ですが、既にロボット家政婦（夫？）といえるかもしれません。

ドローンは、流通業務などへの利用は、既に現実的になっています。軍事用に使われることもあるようです。軍事用ロボットのなかでも、戦地を移動するものは、車輪では移動が困難なので、4足歩行のものがあります。その動画を見ますと、歩行という動作は、実に生物的であることがわかります。もちろん戦争はよくないですが、ドローンにせよ陸上を移動する軍事用ロボットにせよ、生身の兵士が生死に関わらないですむことは不幸中の幸いでしょう。未来の戦争はひょっとすると、ロボット同士が戦って、ロボットが無くなった方が負け、ということになれば、生命は失われないですみます。（人工知能は生命でないという仮定で）

AIBOはソニーが開発したエンターテインメントロボットで、かつて一世を風靡しました。ASIMOはホンダが開発した2足歩行ロボットです。そして、Pepperはソフトバンクが開発した「感情を持ったパーソナルロボット」です。いずれもとてもかわいらしい造形となっているのは、人工知能に対する我々の期待の表れではないでしょうか。

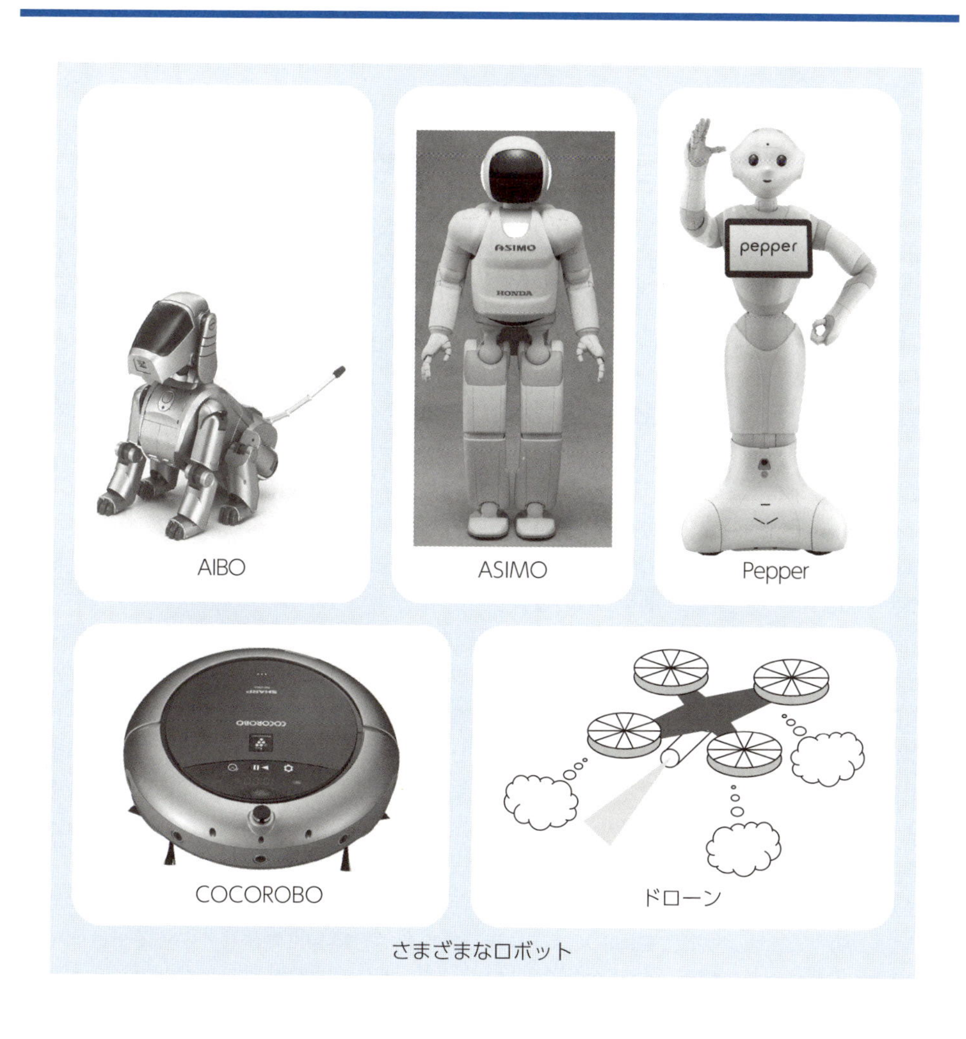

さまざまなロボット

Big Dog：http://www.bostondynamics.com/robot_bigdog.html
ASIMO：http://www.honda.co.jp/ASIMO/
Pepper：http://www.softbank.jp/robot/
COCOROBO：http://www.sharp.co.jp/cocorobo/

4章 人工知能を実現するハードウェア

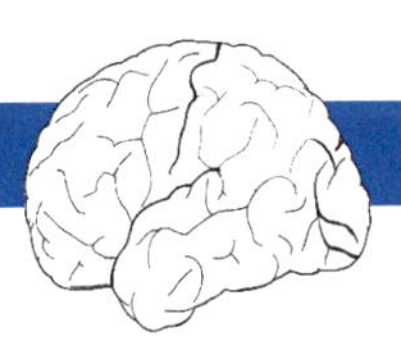

4-1　ソフトウェア vs ハードウェア

ソフトウェアで人工知能を実現するのは簡単です。とだけ書いてしまいますと誤解されますので、詳しく説明しますと、どのようなアルゴリズムでプログラムを書けば所望の人工知能が得られるかが、いったんわかってしまえば、それを何らかのプログラミング言語で書けばいいだけですので、ソフトウェアで人工知能を実現するのは簡単です。最近の人工知能の開発のほとんどは、ソフトウェアで実現されてきました。この簡便さのために、今後もソフトウェアでの人工知能の研究開発は、ますます進んでゆくでしょう。

しかしながら、もちろんそのソフトウェアを動かすためのハードウェアが必要なわけです。現在のコンピュータのハードウェアは、ジョン・フォン・ノイマン（John von Neumann）が提案した方式で動いていて、ノイマン型コンピュータと言われています。ハードウェアとしてノイマン型コンピュータのうえでソフトウェアが動き、そのソフトウェアのうえで人工知能が動くわけです。

まず、動作速度について考えてみます。人工知能を動かすためには、まず、オペレーティングシステム（OS）が立ち上がり、プログラミング言語が立ち上がり、そのあとで人工知能のプログラムが立ち上がるという、本質的な人工知能ではないたくさんのソフトウェアの動作を必要とします。（それらが分離していることが開発に有利なところもありますが…）ハードウェアのうえで上記のとおりさまざまなソフトウェアが実行されてゆくわけですが、それぞれの汎用性を担保するために、人工知能として最適化されているわけではなく、たくさんのムダな部分があり、それぞれの動作に時間がかかります。また、ノイマン型コンピュータは順次動作で、各種のパラレル化やパイプライン化などの技術はあるものの、プロセッサだけではなくメモリまで含めれば、実際に動作している部分はほんのわずかです。このため、GHz で動作している割には、人工知能の全体の動作としては、けっこう時間がかかったりするわけです。

次に、必要とされるハードウェアのリソースについて考えてみます。まず、上記のとおり、本質的な人工知能ではないたくさんのソフトウェアの動作のために、プロセッサやメモリのかなりの部分が使われます。また、たとえば、ニューラルネットワークにおいて、シナプスの結合強度を表すのに、8 ビットのデータで表現するのでしたら、それを DRAM に記憶するのに、そのまま 8 個のトランジスタと 8 個のキャパシタが必要となります。

人工知能 on ソフトウェア さらに on ハードウェア ハードウェア　ソフトウェア		脳型集積システム ハードウェア　自己組織化
ノイマン型コンピュータ 順次型・同期型コンピュータ	ハードウェア	並列分散処理
OS プログラミング言語 人工知能のプログラム	ソフトウェア	なし or 簡単な制御プログラム
個々のデバイスは高速だが、 順次動作で全体としては普通	動作速度	個々のデバイスは低速だが、 並列動作で全体としては普通
シナプスの接続強度が、 8ビットのデータならば、 8個のトランジスタと8個のキャパシタ	リソース	アナログニューラルネットワーク LSIならば、1個のデバイス
人工知能でないソフトウェアの部分や クロック信号のため 大量の消費電力が必要 それを冷却するための設備も	消費電力	大幅な削減
1個のデバイスの故障で コンピュータが動かなくなり、 結果としてシステムが動かなくなる	ロバスト性	人間の脳は1日に10万個の 神経細胞が失われてても おおよその機能は保たれる
プログラムをタイプするだけで 構造の変更が可能	フレキシビリティ	一部の構造の変化は可能だが、 大幅な変更には作り直しが必要

ソフトウェア vs ハードウェア

さらに、消費電力について考えてみます。現在の順次動作すなわち同期型のコンピュータでは、特にクロック信号の消費電力がかなりの部分を占めます。また前記の本質的な人工知能ではない動作のためにも、もちろん消費電力が費やされます。さらに、コンピュータの消費電力が増加すると、それを冷却するためのクーラーや部屋の空調までも消費電力が増加し、社会的なエネルギ消費の観点からも問題となります。

最後に、ロバスト性について考えてみます。ロバスト性とは、そのシステムがどれだけ丈夫かということです。一般に、人工知能のシステムはロバスト性が高いと言われています。しかしながら、それが動いているノイマン型コンピュータは、プロセッサやメモリのすべてのトランジスタが完全に動作していないと、正常に動作しません。人工知能のシステムがいかにロバストであっても、それが動いているコンピュータがダウンすれば、もちろん人工知能もダウンしてしまって、せっかくのロバスト性が生かせません。

そこで、人工知能のアーキテクチャそのものをハードウェアで作製しようという試みがあり、それによってつくられるハードウェアは、脳型集積システムと呼ばれています。特にニューラルネットワークを再現しようとする研究開発は歴史的にも長く、ニューラルネットワークLSI（集積回路）を呼ばれています。

脳型集積システムでは、まず、動作速度については、簡単な制御プログラムは実行されるかもしれませんが、基本的にははじめから人工知能として動作します。人間は朝起きるときにまぶたの裏に「Windowsを起動しています」とは表示されませんね。余分なものが実行されることがないわけです。また、人工知能は一般的に並列分散処理で動作する場合が多いですが、脳型集積システムもそれを実現し、すなわち、個々のデバイスの動作は比較的にゆっくりにしておいて、きわめて多数のデバイスが同時に動作することで、全体としては十分な動作速度が得られるようにします。生体の神経細胞の動作速度はミリ秒から速くてもマイクロ秒のオーダーですが、あなたがデジカメのファインダーから子供の顔を見分けるのは、顔認識システムが表示するのよりも早いくらいでしょう。

次に、リソースについては、まず、上記のとおり、本当に必要な人工知能の構造のみが作製されているわけで、ムダがありません。また、やはりたとえば、ニューラルネットワークにおいて、シナプスの結合強度を再現するのに、アナログニューラルネットワークLSIでは、ひとつのデバイスのコンダクタンスやキャパシタンスのみで実現しますので、実に1個のデバイスが必要とされるだけです。ソフトウェアで実現する場合の、8個のトランジスタと8個のキャパシタに対して、大幅な削減が可能となります。

さらに、消費電力についても、クロック信号がありませんので、大幅な消費電力の削減となるはずです。考えすぎで人間の脳が燃えたことは有史以来一度もありません。

最後に、ロバスト性については、実に人間の脳は医学的には1日に10万個の神経細胞が失われているそうですが、おおよその機能は保たれています。脳型集積システムは、その本質的な構造において、人間の脳を忠実に再現しているので、このようなロバスト性も期待できるはずです。

本章では、脳型集積システムやニューラルネットワークLSIについて、詳しく説明してゆきます。なお、誤解しないでいただきたいのですが、本章では脳型集積システムについて強調していますが、ソフトウェアによる人工知能を否定するものではまったくありません。むしろ双方がともに発展してゆくべきものです。ハードウェアには上記の特長がありますが、それに勝るとも劣らないものが、ソフトウェアのフレキシビリティです。プログラムをタイプするだけで構造を変えることができるわけで、このフレキシビリティはハードウェアでは足元にも及びません。

コラム

ニューラルネットワークLSIの種類

[アナログ方式]

状態値をアナログ値で表現する方式です。電圧・電流・電荷・コンダクタンス・キャパシタンスなどのアナログ値を用います。特に、抵抗変化型メモリReRAM（Resistance Random Access Memory）・フローティングゲートメモリ・強誘電体メモリFeRAM（Ferroelectric Random Access Memory）といった不揮発性素子が有用です。生体の神経細胞はアナログ動作であることから、その模倣には適しています。いっぽうで、エレクトロニクスの歴史は常にアナログからデジタルへと移行してきたので（計算機もテレビも）、ニューラルネットワークLSIもそうなるという意見もあります。本書では主にアナログ方式について説明します。

[デジタル方式]

現在のコンピュータとの適合性はよいですが、回路規模が大きくなることや、高速動作させないといけないことなどが、特にニューラルネットワークとしては問題です。

[パルス変調方式]

パルス密度・パルス幅・位相などを変調して状態値を表現する方式です。特にパルス密度変調方式は、アナログ値であるのと同時にパルスのカウントはデジタル動作であってノイズには強く、また生体の神経細胞の信号伝達手段であることもあって、注目されています。

ニューラルネットワークLSI：森江隆、Artificial Neural Network LSIの設計法、神経回路学会誌、vol. 10, pp. 68-76, 2003.

もうひとつだけ、ソフトウェア vs ハードウェア として考えておきたいのは、ロボットに搭載するときにはどうすればよいか、です。前章で書いたとおり、ロボットというのは、人さまざまな人工知能の機能を搭載して、個体として生命に近づいてきますので、工知能の個別の搭載とは異なり、いろいろな意義が出てきます。

現在のロボットに搭載されている人工知能は、人工知能 on ソフトウェア on ハードウェアのタイプです。いっぽう、これもやはり前章に書きましたが、Google の猫の学習は、1000台のコンピュータで 3 日間かけて行ったとされています。すなわち、現在のロボットの学習機能は、かなり限定的だということです。今後のエレクトロニクス技術の進展で、ダウンサイジングは進むとは思いますが、それでもかなりバルキーであり、ヒューマノイド型のロボットや 4 足歩行の軍事ロボットには搭載できる可能性はありますが、もっと小さいものには難しいでしょう。

スマホの会話ボットや Pepper のように、インターネットで人工知能搭載サーバーに接続できればよいという考えもあるでしょう。しかしそれでは、電波圏外のときや通信状況が悪化しているときなどは、動作しません。用途にもよりますが、全般的には問題でしょう。

たとえば、小動物程度の大きさのものや、虫くらいのものに、人工脳を載せたいと思えば、上記のようなバルキーなものは載せられませんし、非常時に備えるのであれば、インターネットなしでも動作させたいでしょう。いっぽうで、実際の生物は、ハムスターの脳は数グラム程度しかありませんが、とてもかわいらしくペットとして振舞いますし（本能でしょうけど脳の働きによるものです）、蚊でさえ、二酸化酸素センサと翅（はね）という移動手段を備え、人間を見つけて吸血するという、かなり高度な動作をします。もし、このような脳を作りたいのであれば、ハードウェアとしての脳型集積システムしか解はないでしょう。情報機器として実装しやすい形状のモジュールとしてならば、現在の CPU のサイズ、中身だけのデバイスとしてならば、機能を絞れば、1 mm 立方くらいのサイズが目指せるでしょう。

そのような小型ロボットの出番があるかといえば、たとえば印象的なのは、映画「ベイマックス」で登場した小型ロボットです。この小型ロボットの制御を考えたとき、ある程度の通信は行っているでしょうけれども、ある程度の自律的な判断をするためには、個々のロボットに人工知能の搭載が必要となります。具体的な応用については、よく考えればいろいろ面白いアプリケーションが考えられるのではないでしょうか。

ベイマックスの小型ロボット：http://www.disney.co.jp/movie/baymax.html

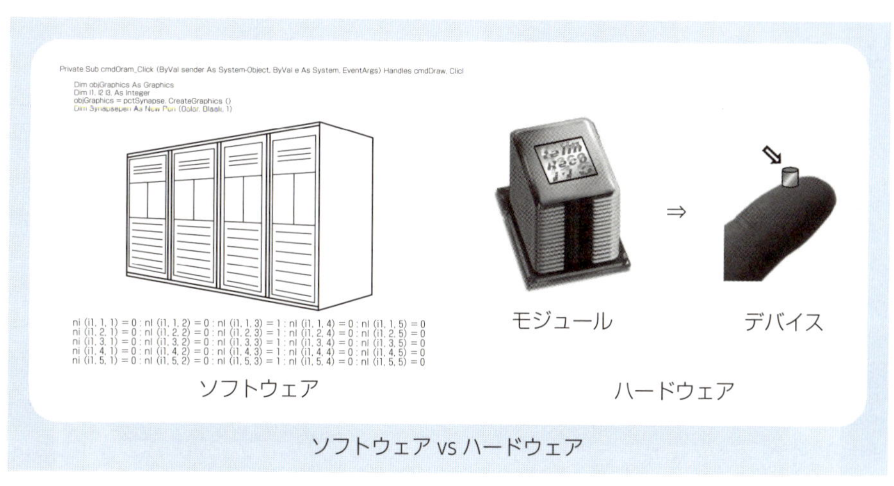

ソフトウェア vs ハードウェア

ハムスターや蚊の脳

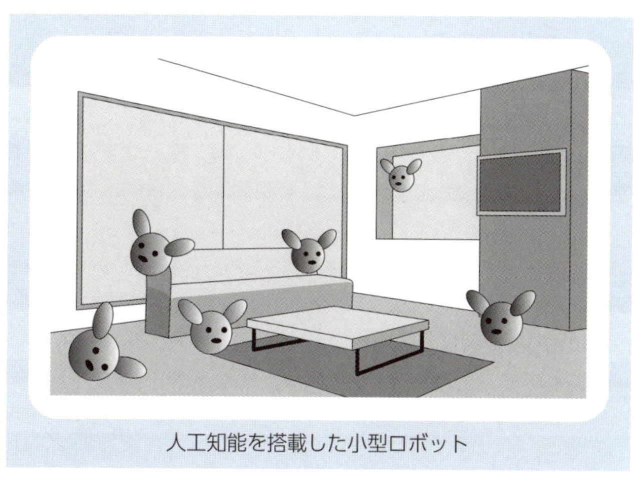

人工知能を搭載した小型ロボット

4-2　GPUとFPGA

前節で、人工知能を実現するための2つの方法、すなわち、ノイマン型コンピュータでソフトウェアを動かす方法と、ハードウェアで脳型集積システムをつくる方法を説明しましたが、ここでのGPUとFPGAを用いる方法は、ソフトウェアによる方法に関するものです。前章で、ニューラルネットワークの動作原理について説明しまして、計算の主たる部分は、積和計算であることを示しました。すなわち、ニューロンの信号にシナプスの接続強度をかけあわせるための積の計算と、それらを足し合わせるための和の計算です。それらの専用のチップを搭載すれば、圧倒的に動作が速くなるというわけです。CPUの処理をサポートするいわゆるアクセラレータです。

通常は、CPUのアクセラレータとして、GPUを用います。CPUおよびOSの制御のもとでプログラムに従ってGPUは動作します。GPUによれば、並列処理のアルゴリズムであれば、劇的に処理の高速化が図れます。ただし、消費電力はかなり高いものです。

FPGAは、GPUに置き換えるかたちで、マイクロソフトなどがその検索エンジンBingの動作の高速化のために、導入を試みています。FPGAではあらかじめHDLで内部に回路を作っておきますので（ハードワイヤード）、実行中にこまかいところまでプログラムに制御されることはありません。前述の人工知能を実現するソフトウェアによる方法と脳型集積システムによる方法の両方法の中間に位置するイメージです。GPUに比べて、FPGAによれば、消費電力が数分の1から十数分の1に低減できます。ただし、処理速度は落ちます。導入する個数は、数千個から数万個だと言われています。これまでLSIの試作段階や、多品種少量生産に限られていたFPGAが、大量使用される例となります。

しかしながら、これらの性能比較は、同一プロセスでトランジスタの微細化のレベルが同じだと仮定したときのものであり、実際にはそれらは異なります。また、生産される個数に応じて1チップあたりの価格も異なります。たとえば低価格の物であればひとつひとつの処理速度が低速であっても多数のチップを並列化することで、全体としての処理速度を許容範囲に収めることができるでしょう。いっぽう消費電力はチップの個数に比例して増大します。故に、どちらを選択するかは、より具体的な数値的な評価によらなければなりません。

ニューラルネットワークのために用いられるGPUとしては、NVIDIA社のものが有名です。FPGAとしては、これはニューラルネットワークに限らず両巨頭ですが、Altera社とXilinx社のものが使われています。

コラム

GPU

GPUは、Graphics Processing Unitの略で、パソコン・ワークステーション・サーバーなどに搭載され、もともとは画像処理のためのマイクロプロセッサすなわちDSP（Digital Signal Processor）の一種です。以前にはグラフィックアクセラレータと呼ばれていたもので、グラフィックス描画機能に特化した処理を高速で行うための演算回路を複数集積しています。数値計算をとにかく大量に高速に並列に行うため、ニューラルネットワークへの応用にも向いているということで、最近は人工知能の実現のために使われています。

NVIDIA社のGPU

コラム

FPGA

FPGAは、Field-Programmable Gate Arrayの略で、プログラムにより内部の回路を作り替えることのできる集積回路のことです。ハードウェア記述言語（HDL, Hardware Description Language）で内部の構造を記述し、それであらかじめ回路を作っておくので、実行中は電子回路として動作しますので高速です。これまでLSIの試作段階や、多品種少量生産に広く用いられてきました。設計を失敗するとすべて作り直しになる通常のプロセッサやASIC（Application Specific Integrated Circuit）と比べて、間違えてもプログラムを修正すればよいわけです。

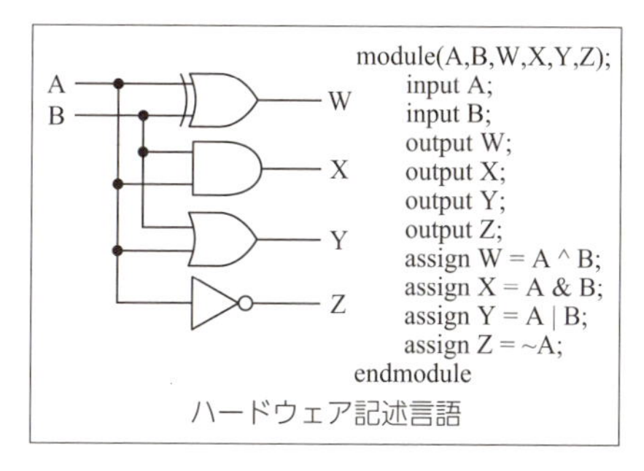

ハードウェア記述言語

4-3　ニューロンとシナプス

アナログニューラルネットワーク LSI を想定して、ニューロンとシナプスを実現する方法について考えてみます。なお、生体の神経細胞では、シナプス is a part of ニューロン ですが、ここでは神経細胞でいうニューロン本体（と軸索も含む）を「ニューロン」として、「シナプス」と分離して考えます。

ニューロンに必要な本質的な（最小の）機能を挙げると、下記のようになります。

・発火と非発火の 2 つの状態を生成・保持すること

・周囲からの信号の重みづけ多数決で状態が変化すること

連続的な信号から 2 つの状態を生成するので、ニューロンは非線形素子であり、しばしば「非線形」と銘打った学問領域の一分野を形成します。周囲からの信号としては、電圧・電流・電荷・パルス密度などがあります。

いっぽう、シナプスに必要な本質的な（最小の）機能を挙げると、下記のようになります。

・あるニューロンから別のニューロンへと信号に重みづけして伝えること

・意図的あるいは非意図的に重みの値を変化させることができること

伝えられる信号が電圧・電流・電荷ならば、シナプスは抵抗・キャパシタなどで構成できます。重みの変化のさせかたもいろいろあって、大別すると、外部から意図的に変化させるものと、内部で非意図的に変化するものとがあります。ただし、なかなかすべてのニューロンとシナプスをこうはスッキリと説明できず、後述もしますが、この説明からははずれたさまざまな方式があることも事実です。

コラム

線形素子と非線形素子

電子回路の分野において、入力と出力が線形の関係で結ばれているのが、線形素子で、代表的には、抵抗・キャパシタ・インダクタなどがあります。受動素子とも呼ばれます。

いっぽう、入力と出力が線形の関係で結ばれていないのが、非線形素子で、代表的には、ダイオード・トランジスタなどがそれです。能動素子とも呼ばれます。上記のとおり、ニューロンも非線形素子で、どちらかといえば極めて文字どおりの非線形性をもつ非線形素子です。

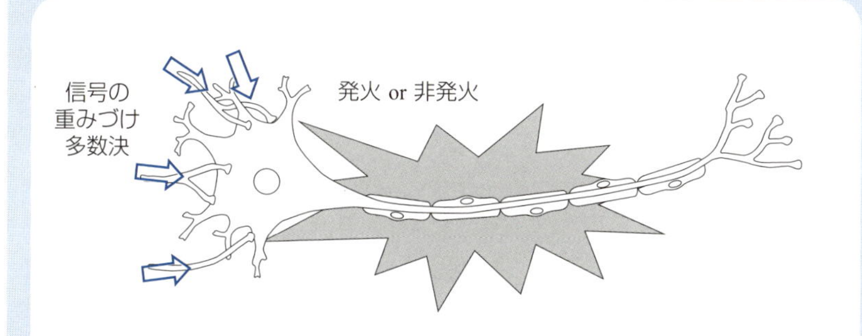

ニューロン
・発火と非発火の 2 つの状態を生成・保持すること
・周囲からの信号の重みづけ多数決で状態が変化すること

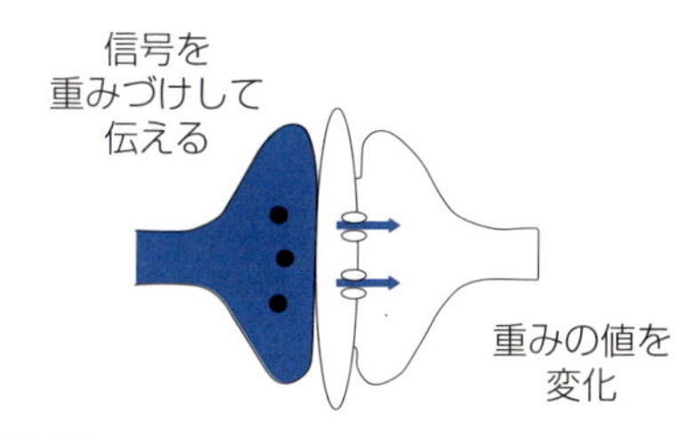

シナプス
・あるニューロンから別のニューロンへと信号に重みづけして伝えること
・意図的あるいは非意図的に重みの値を変化させることができること

ニューロンとシナプス

4-4　ニューロンの回路

ニューロンに必要な本質的な（最小の）機能を挙げると、前述のとおり、下記のようになります。

・発火と非発火の 2 つの状態を生成・保持すること

・周囲からの信号の重みづけ多数決で状態が変化すること

これを実現するのが、以前の章でも説明した、階段関数やシグモイド関数といった、非線形関数です。これらの関数への入力が、周囲からの入力で、出力の高低が（電圧・電流・電荷など）、発火と非発火の 2 つの状態にあたります。特に階段関数は無限大の勾配をもつ関数ですので、厳密に特性を再現する実際の電子回路を作製するのは不可能ですが、階段関数やシグモイド関数も、近似的には、いくつかの種類の電子回路で、その特性を再現することができます。

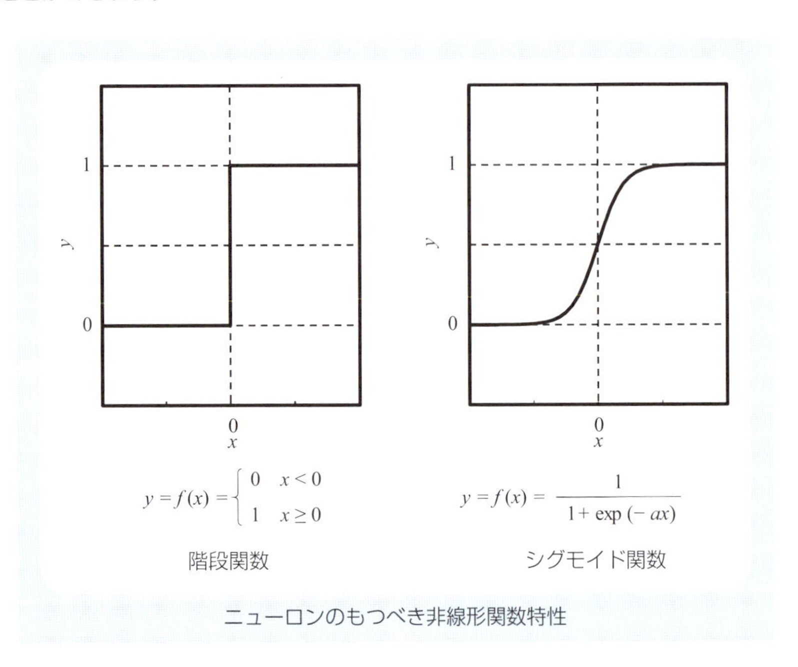

ニューロンのもつべき非線形関数特性

ニューロンを概念的に表す電気回路の記号は、三角の記号で、階段関数やシグモイド関数を抽象的に表わしています。デジタル回路ではバッファ回路としても用いられ、デジタル信号の高電位や低電位が鈍ってきて、高電位なのに少し電位が低くなったものや、低電位なのに少し電位が高くなったものを、ふたたびきちんとした高電位や低電位に戻すものです。まさに、ニューロンの非線形特性そのものです。この電子回路を具体的にどのように実現するかというと…、次ページからいくつか例を挙げてみます。

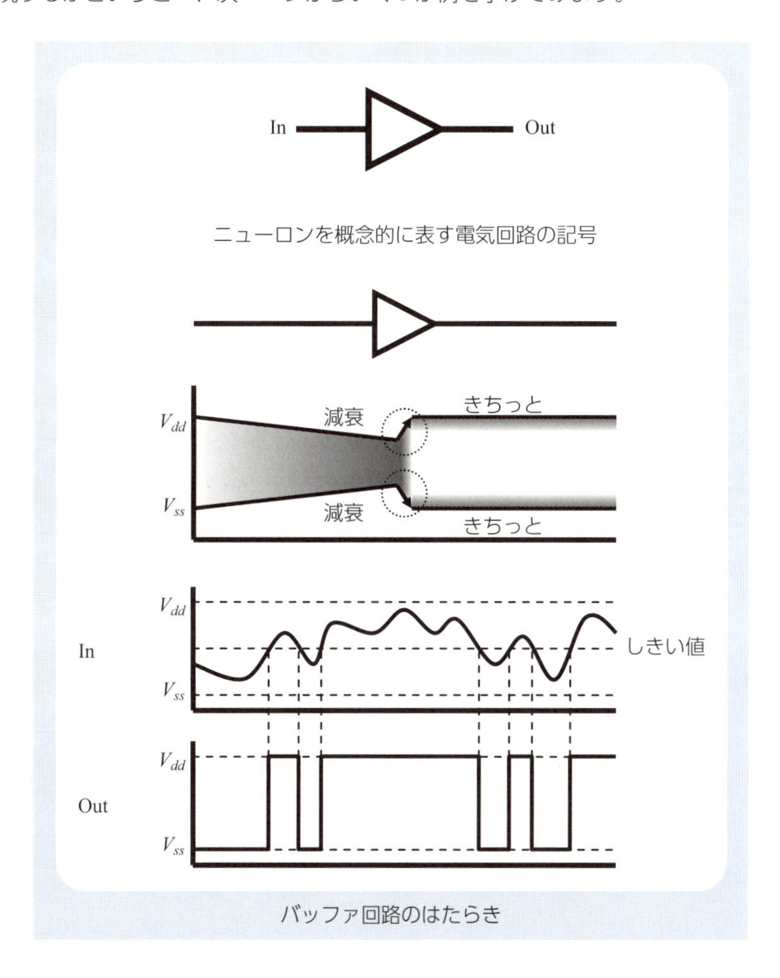

バッファ回路のはたらき

オペアンプ回路は、極めて急峻な特性を持っていて、ほぼカンペキな階段関数として、ニューロンに使うことができます。入力インピーダンスは理想的には無限大、実際にもたいへん大きく、逆に出力インピーダンスは理想的にはゼロ、実際にもたいへん小さいものです。そのため、ニューラルネットワークのニューロンとして、あるひとつのオペアンプの出力をほかの多数のオペアンプの入力につないでも、それぞれの動作は確実に行われます。

しかしながら、その中身はそれなりに複雑で、下図はもっとも簡単なオペアンプ回路ですが、7 個のトランジスタを用いています。より急峻な特性にするために、また、閾値電圧のズレを補償するために、さらに多くのトランジスタが用いられることもあります。正入力に入力信号 In を入力し、負入力にある一定の電圧を閾値電圧 V_{th} として入力して、出力信号 Out を観測すると、In < V_{th} では、Out = V_{dd} となり、In > V_{th} では、Out = V_{ss} となります。In と V_{th} を比較して、2 値の電圧を出力するので、コンパレータ回路とも呼ばれます。実際の使用では、たとえば In ≅ V_{th} であったときに、微妙な In の変動で Out は V_{dd} から V_{ss} まで大きく変動するので、全体として回路の動作が不安定となるときがあり、これを避けるために、In と Out に回路動作を遅延させるための抵抗を設ける場合もあります。

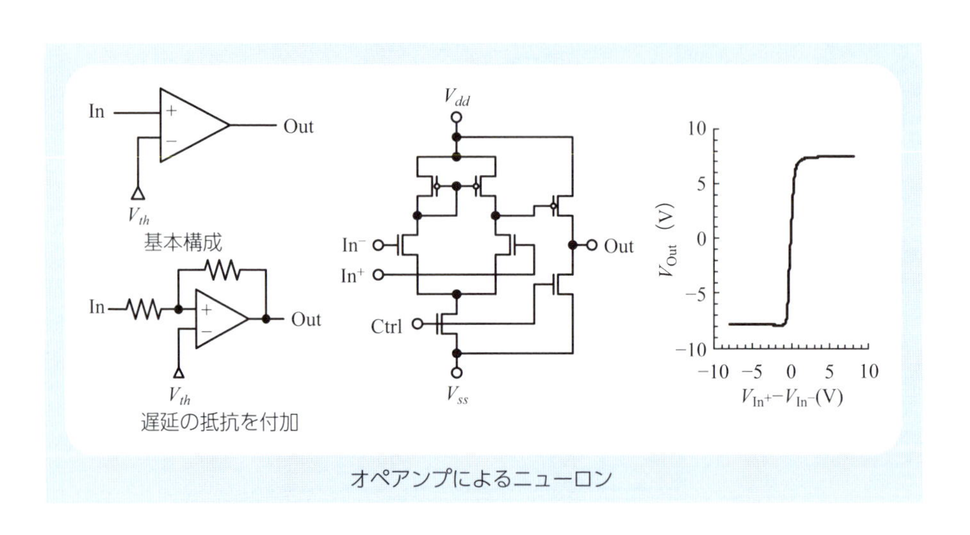

オペアンプによるニューロン

オペアンプ：玉井徳迪、半導体回路設計技術 回路設計への実践的アプローチ（日経 BP 社、1994）
コンパレータ回路：田中衛、斉藤利通、ニューラルネットと回路（コロナ社、1999）

前記のオペアンプは、電圧を出力しますが、回路の設計を少し変更して、かつ構成するトランジスタの設計をより駆動能力の高いものにすれば、電流を出力するものをつくることができます。これを、トランスコンダクタンス増幅器（Operational Transconductance Amplifire, OTA）といいます。トランスコンダクタンス増幅器では、複数のトランスコンダクタンス増幅器の出力を単につなぐだけで、電流の和が得られて、すなわち信号の和が得られて便利です。

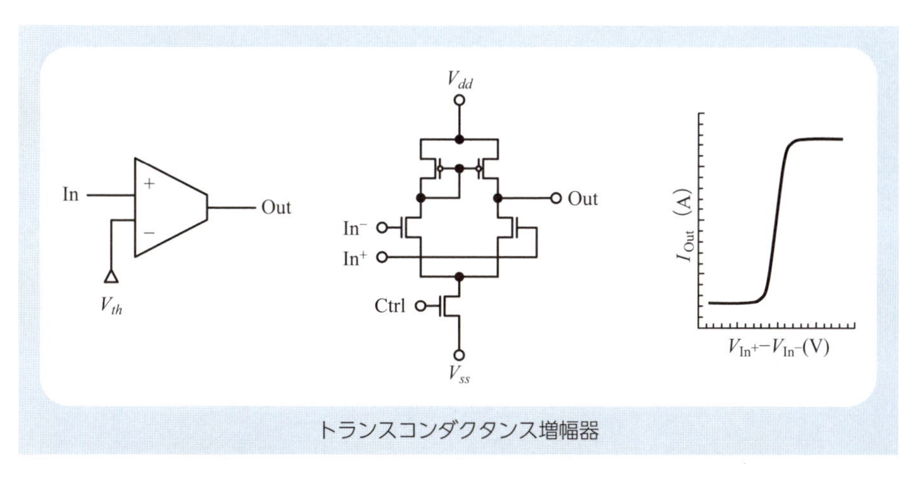

トランスコンダクタンス増幅器

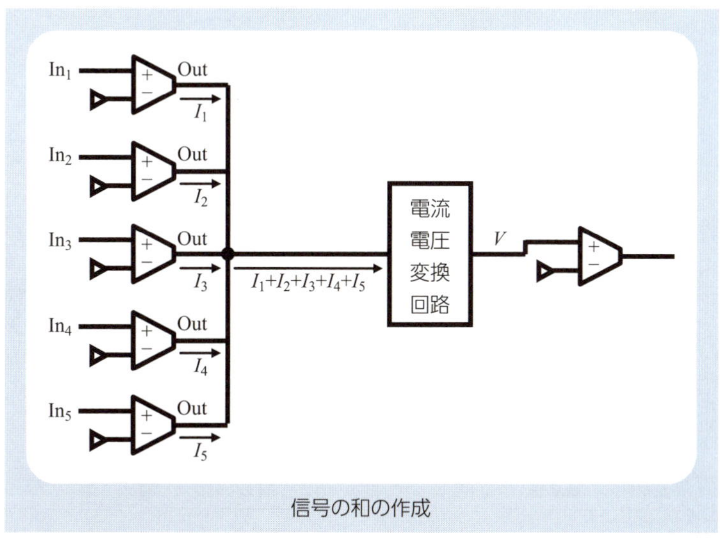

信号の和の作成

インバータ回路は、n型電界効果型トランジスタ（FET）とp型FETの両方を使うCMOSFETでは、たった2個という極めて単純な回路構成で実現でき、つまり大規模集積化に適していて、さらに、保持状態では定常電流がほとんどなく低消費電力であるので、大規模集積化のときにも消費電力を低減できる、ニューロンに最適な回路構成のひとつでしょう。オペアンプに比べると、急峻性が劣りますので、よりなだらかなシグモイド関数的な特性となります。ただし、そのなだらかさの度合いは自由に設定できるのではなく、主にn型トランジスタとp型トランジスタの特性によって決まります。V_{th}は一般的には可変ではなく、おおよそ$(V_{dd}+V_{ss})/2$　くらいに自動的になりますが、n型トランジスタとp型トランジスタの特性のバランスによって、かなりずれることがあります。

なお、インバータという言葉のとおり、入力の論理から反転した出力の論理が得られることには、注意が必要です。たとえば、多層のニューラルネットワークであれば、正論理と負論理を互い違いの列として並べれば、ここまでと全く同じ説明が成り立ちます。また、セルラニューラルネットワークで、インバータによるニューロンを行列状に並べ、シナプスの結合は縦横だけにして、正論理と負論理に市松模様状に塗り分ければ、やはりここまでと同じ説明が成り立ちます。一方、はじめからこのような正論理と負論理の混在したニューラルネットワークも可能でしょう。

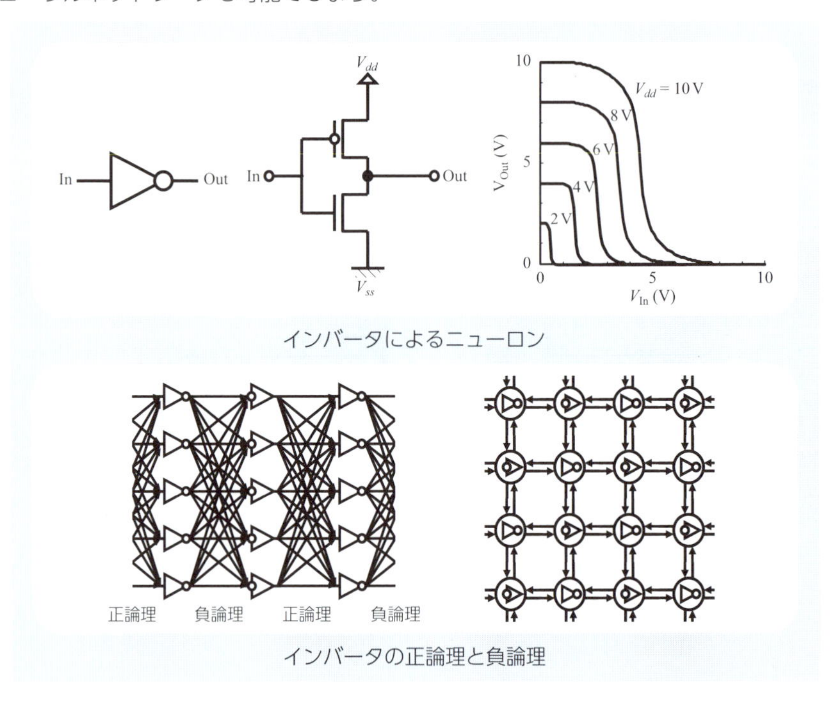

インバータによるニューロン

インバータの正論理と負論理

2個のインバータを使うと、論理が再び反転して、元の論理に戻ります。1個目のインバータの出力も出しておくと、相補的な出力が同時に得られ、これらの両方の出力を用いるニューラルネットもしばしばありますので、便利です。なお、インバータを直列に接続すればするほど急峻性は増しますので、正論理の出力のほうが、負論理の出力よりも急峻となり、対称性はすこし損なわれます。論理的には、1個の三角形と側面の丸とで表した正負論理出力バッファと等価です。

さらに、いちど発火または静止の状態になったニューロンは、その状態を維持しようという傾向があるときがあります。このときは、2個のインバータならば、正論理の出力を入力にフィードバックしてやればよいです。外部からの信号を優先したいときもあるでしょうから、スイッチにしておくのが賢明です。

これらは、単純ではありますが、複数のトランジスタなどの素子を組み合わせた回路です。もしひとつの素子で同じような機能が実現できれば、さらに生体のニューロンに近くなり、大幅な集積化が期待できます。

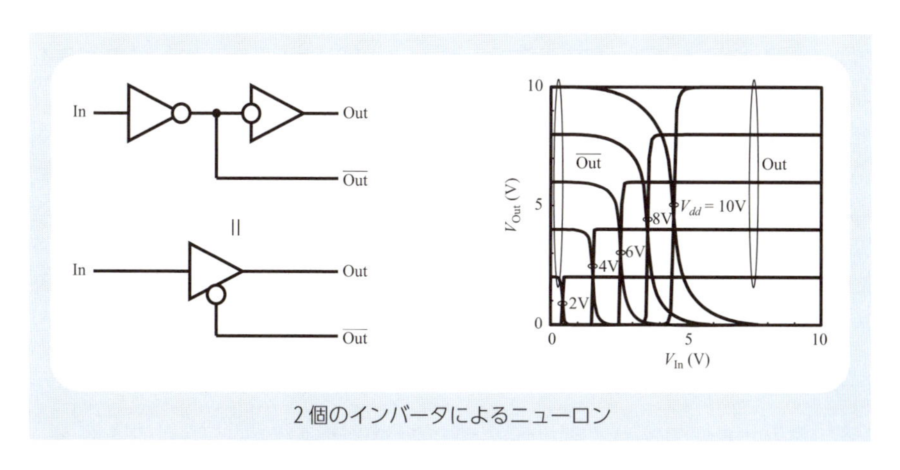

2個のインバータによるニューロン

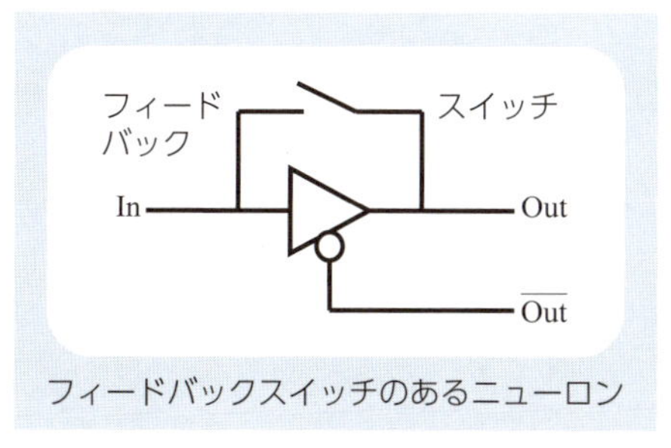

フィードバックスイッチのあるニューロン

4-5　シナプスの素子と回路

シナプスに必要な本質的な（最小の）機能を挙げると、前述のとおり、下記のようになります。

・あるニューロンから別のニューロンへと信号に重みづけして伝えること

・意図的あるいは非意図的に重みの値を変化させることができること

人間の脳には、10^{11}個以上のニューロンと10^{15}個以上のシナプスがあると言われています。すなわち、ニューロンの１個あたり、10,000個の桁のシナプスを持っている、つまり、シナプスの個数はニューロンの個数の10,000倍あります。人工ニューラルネットワークでは、ニューロンの１個あたりのシナプスの個数は、モデルあるいはアーキテクチャしだいではあります。ホップフィールドネットワークでは、なんとシナプスの個数はニューロンの個数の２乗になります。実際にはそこまでにはならない場合が多いですが、シナプスの個数が圧倒的に多いことには間違いありません。ゆえに、回路ではなく単一の素子でシナプスを構成することは、ニューロンをそうすること以上に、大規模集積化に対して意味があります。というよりむしろ、大規模集積化のためには、単一の素子でシナプスを構成することは、不可欠である、と言えるかもしれません。

抵抗変化素子は、そのようなシナプスを構成することのできる素子のひとつです。抵抗変化素子を、あるニューロンと別のニューロンのあいだに直接につなげば、電位がそのニューロンの状態に対応し、コンダクタンスが接続強度に対応し、その抵抗素子を流れる電流が信号に対応します。具体的には、次図のように、電位 $x_1, x_2, \cdots, x_n$ と電位 X のあいだに、コンダクタンスが $g_1, g_2, \cdots, g_n$ の抵抗変化素子を接続し、それぞれを流れる電流を $i_1, i_2, \cdots, i_n$ とします。まずは、オームの法則から、次式が成り立ちます。

$$i_1 = g_1(x_1 - X),\ i_2 = g_2(x_2 - X),\ \cdots,\ i_n = g_n(x_n - X)$$

さらに、キルヒホッフの第１法則から、次式が成り立ちます。

$$i_1 + i_2 + \cdots + i_n = 0$$

これらを代入すると、次式が得られます。

$$g_1(x_1 - X) + g_2(x_2 - X) + \cdots + g_n(x_n - X) = 0$$

$$X = \sum_{i=1}^{n}\left(g_i \middle/ \sum_{i=1}^{n} g_i \right) x_i$$

これは、ニューロンとシナプスのモデルの基本式である、$y = f\left(\sum_{i=1}^{n} w_i x_i - \theta\right)$の関数の入力の部分において、$w_i = g_i \Big/ \sum_{i=1}^{n} g_i$, $\theta = 0$とおいたものに対応しますので、ニューラルネットワークとして動作することになります。あとは、抵抗の変化を制御できればよいこととなります。

抵抗変化素子のひとつに、メモリスタ（Memristor）があります。用途から名付けられると、抵抗変化型メモリ（Resistance Random Access Memory, ReRAM）となります、電圧を印加することで抵抗が変化する現象を利用した不揮発性のメモリとして開発されて、現在は実用化されていますが、抵抗変化素子として、シナプスに用いることができます。メモリとして利用する場合は、デジタルとして使うため、抵抗の変化が数桁かわります。この特性を利用すれば、結合強度が極めて急激に変化するシナプスとして用いることができます。それがあまりに急激すぎて使いにくいときは、結合強度がより緩やかに変化するものを使う必要があります。いずれにせよ、抵抗の変化を制御するしくみが必要となります。ニューロンとは別に、電圧を印加する回路を設けることも考えられますし、ニューロンが電圧を印加する機能を同時に担うことも考えられます。後者は、ヘブの学習則に近いですが、ヘブの学習則が、電位 $x_1, x_2, \cdots, x_n$ と電位 X がともに高電位のときに、$g_1, g_2, \cdots, g_n$ が大きくなるという規則であるのに対して、抵抗変化型メモリでは、電圧が印加されるときに抵抗が変化し、抵抗の増減は電圧を印加する方向によるなど、いくらかマイナーな差はあります。

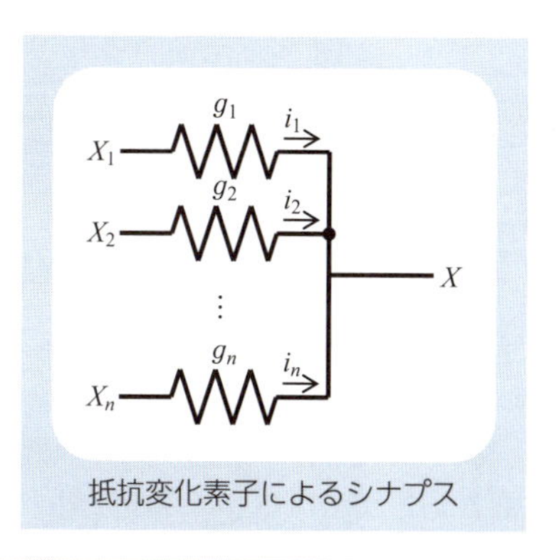

抵抗変化素子によるシナプス

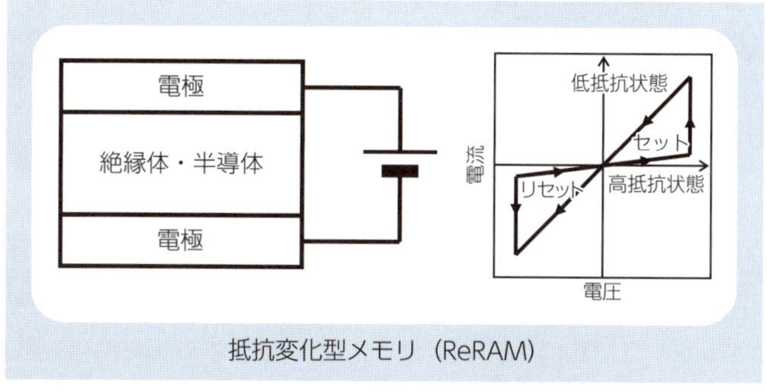

抵抗変化型メモリ（ReRAM）

キャパシタンス変化素子も、そのようなシナプスを構成することのできる素子のひとつです。抵抗変化素子と同様に、キャパシタンス変化素子を、あるニューロンと別のニューロンのあいだに直接につなげば、電位がそのニューロンの状態に対応し、キャパシタンスが接続強度に対応し、そのキャパシタンス素子に蓄積される電荷が信号に対応します。具体的には、右頁の上のように、電位 $x_1, x_2, \cdots, x_n$ と電位 X のあいだに、キャパシタンスが $c_1, c_2, \cdots, c_n$ の抵抗変化素子を接続し、それぞれに蓄積される電荷を $q_1, q_2, \cdots, q_n$ とします。まずは、$Q = CV$ の式から、次式が成り立ちます。

$$q_1 = c_1 (x_1 - X),\ \ q_2 = c_2 (x_2 - X),\ \ \cdots,\ \ q_n = c_n (x_n - X)$$

さらに、X における電荷保存の法則から、次式が成り立ちます。

$$q_1 + q_2 + \cdots + q_n = 0$$

これらを代入すると、次式が得られます。

$$c_1 (x_1 - X) + c_2 (x_2 - X) + \cdots + c_n (x_n - X) = 0$$

$$X = \sum_{i=1}^{n} \left(c_i \Big/ \sum_{i=1}^{n} c_i \right) x_i$$

これは、ニューロンとシナプスのモデルの基本式である、$y = f\left(\sum_{i=1}^{n} w_i x_i - \theta \right)$ の関数の入力の部分において、$w_i = c_i \Big/ \sum_{i=1}^{n} c_i$, $\theta = 0$ とおいたものに対応しますので、ニューラルネットワークとして動作することになります。これは抵抗変化素子の議論とほとんど同じです。あとは、キャパシタの変化を制御できればよいこととなります。

強誘電体メモリ（Ferroelectric Random Access Memory, FeRAM）は、電圧を印加することで強誘電体の残留分極が反転する現象を利用した不揮発性のメモリですが、キャパシタンス変化素子として、シナプスに用いることができる可能性があります。しかしながら、直接にキャパシタンスが変化するわけではないので、上記の理論のそのままで動作するわけではありません。強誘電体メモリスタとしてシナプスに用いた例もありますが、これはむしろ抵抗変化型メモリです。また、強誘電体ゲートトランジスタというものでやはりシナプスに用いた例もありますが、これも結合強度変化のしくみとしては抵抗変化素子です。強誘電体メモリは、自分自身に印加される電圧で不揮発的に自分自身の特性が変わるので、うまくやればヘブの学習則を実現できるシナプス素子にできる可能性があるでしょう。

直接にキャパシタンスが変化する材料のひとつに、液晶があります。液晶はご存じのとおり電子ディスプレイに広く用いられていますが、誘電率異方性をもった電子材料として新たな応用があるかもしれません。

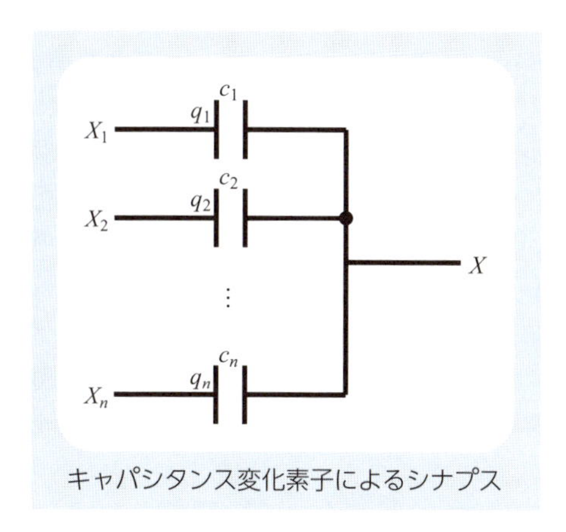

キャパシタンス変化素子によるシナプス

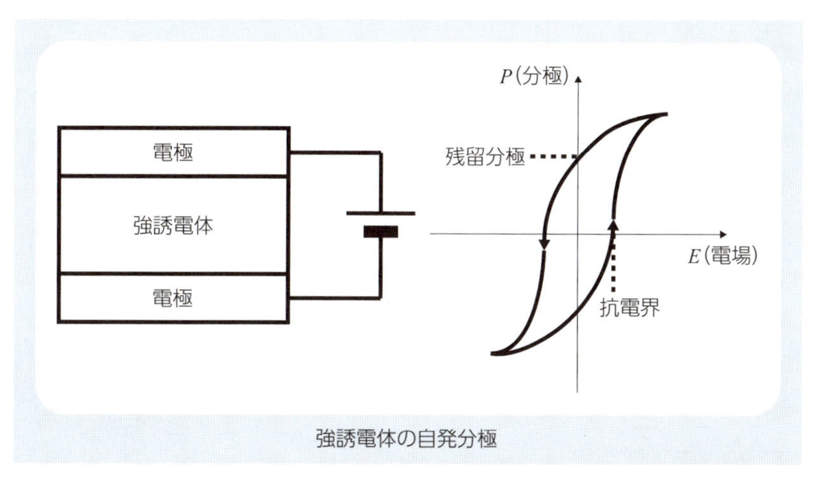

強誘電体の自発分極

強誘電体メモリスタによるニューラルネットワーク：Y. Kaneko, Y. Nishitani, M. Ueda, A. Tsujimura, Neural network based on a three-terminal ferroelectric memristor to enable on-chip pattern recognition, 2013 Symposia on VLSI Technology and Circuits, T238-T239, 2013.

強誘電体ゲートトランジスタによるニューラルネットワーク：徳光永輔、不揮発性強誘電体ゲートトランジスタの記憶特性の解明とニューラルネットへの応用、科研費 基盤研究（B）、1997-1998、https://kaken.nii.ac.jp/d/p/09450123.ja.html

シナプスをひとつの素子ではなく複数の素子を用いて実現とした回路としては、次図に示すような、スイッチ＋固定抵抗、スイッチ＋固定キャパシタ、電界効果型トランジスタ（Field-Effect Transistor, FET）などが挙げられます。スイッチ＋固定抵抗 では、スイッチが閉じている時間、もしくは、一定周期でスイッチが開閉するならばその開閉の回数を変えることで、In から固定抵抗を通して Out へ流れる電流や電荷を制御します。スイッチ＋固定キャパシタ では、やはりスイッチが閉じている時間、もしくは、一定周期でスイッチが開閉するならばその開閉の回数を変えることで、In から固定キャパシタを通して Out へ移される電荷を制御します。いずれも、スイッチを開閉するための回路が必要で、これはデジタル回路でかまわないわけですが、それなりに複雑な回路となります。電界効果型トランジスタでは、ゲート電圧を変えることで、コンダクタンスを制御します。やはり、ゲート電圧を変えるための回路が必要で、それなりに複雑な回路となります。

ニューロ MOSFET は、上記の電界効果型トランジスタでゲート電圧を変えるタイプのシナプスに用いることのできる素子です。電界効果型トランジスタのゲート端子をフローティングゲートとし、さらにキャパシタを介して複数の入力ゲートを設けます。入力ゲートの電位をおのおのデジタル的に変化させることで、フローティングゲートの電位をアナログ的に変化させ、電界効果型トランジスタのコンダクタンスを制御できます。入力ゲートのキャパシタンスを 2 進荷重にすれば、ダイナミックレンジ確保と精密制御が同時に実現できます。

ニューロ MOS インバータは、ニューロ MOSFET を用いた技術なのでここで説明しますが、ニューロンとして用いることのできる素子です。フローティングゲートをインバータの入力端子として用いることで、入力ゲートの信号の多数決で出力信号のハイ・ローが決まるので、ニューロンとしての動作をすることとなります。

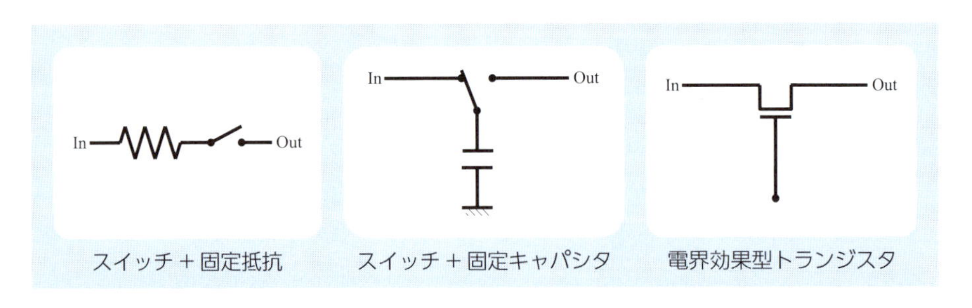

ニューロ MOSFET・ニューロ MOS インバータ：・M. Kimura, K. Shimada, and T. Matsuda, Neuron MOS Devices using Thin-Film Transistors, SID '15, pp. 479-482, 2015.

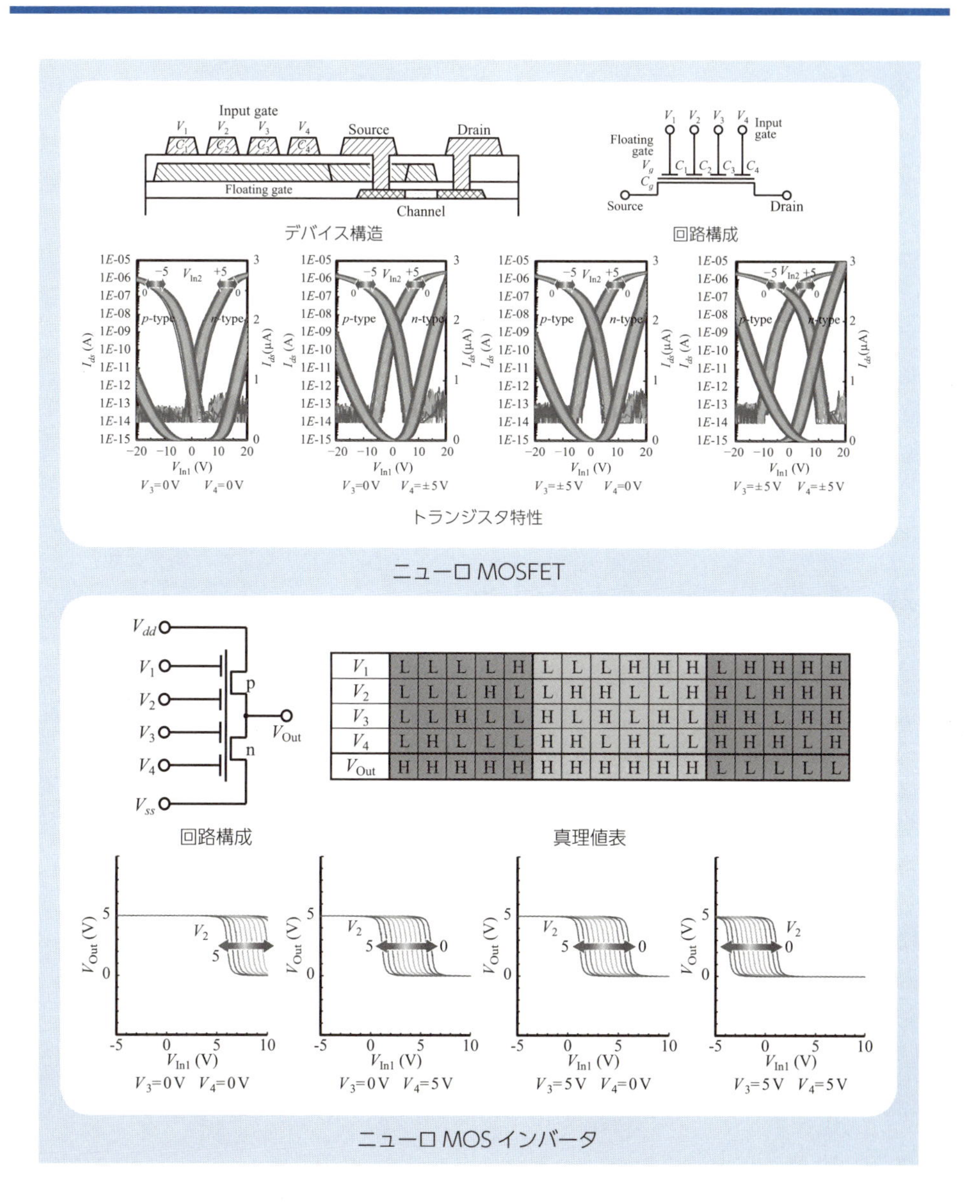

V_1	L	L	L	L	H	L	L	L	H	H	H	L	H	H	H	H
V_2	L	L	L	H	L	L	H	H	L	L	H	H	L	H	H	H
V_3	L	L	H	L	L	H	L	H	L	H	L	H	H	L	H	H
V_4	L	H	L	L	L	H	H	L	H	L	L	H	H	H	L	H
V_{Out}	H	H	H	H	H	H	H	H	H	H	H	L	L	L	L	L

4-6　ニューラルネットワークの回路

前節で述べた、いずれかのニューロンと、いずれかのシナプスと、さらにネットワーク構造を選んで組み合わせれば、ニューラルネットワークが完成します。ただし、互いに合わない組み合わせもあるので、よく動作を考えて、ニューロンとシナプスとネットワーク構造を選ばなければなりません。

ニューロンとして正負論理出力バッファ、シナプスとして抵抗変化素子、ネットワーク構造としてホップフィールドネットワークを採用すると、右頁の上図のようになります。正負論理出力バッファからは、文字どおり正論理と負論理が出力され、それらの配線が引き回され、入力の配線と交差するように配置され、自分自身どうしを除く、すべてニューロンの入力と出力のあいだに、抵抗変化素子が設けられています。（自分自身どうしを接続することも考えられます）ここでは、3個のニューロンしか書かれていませんが、それでも配線はけっこうな引き回しとなり、ニューロンの数が増えるとともに、配線の引き回しはきわめて長くなり、交差点に設けられるシナプスの抵抗変化素子も、膨大な数となります。

ニューロンとして同じく正負論理出力バッファ、シナプスとしてキャパシタンス変化素子、ネットワーク構造としてセルラニューラルネットワークを採用すると、右頁の下図のようになります。ここでは、ニューロンのまわりに、入力と正論理出力と負論理出力に接続するリング状配線を設けて、それを相互に接続することで、容易にセルラニューラルネットワークを実現しています。CADの自動配線ツールを用いればこのような工夫は不要かもしれませんが、研究開発の初期には手設計も意味がありますので、このような配線方法の指針も有用です。学習則としてHebbの学習則を使うことができるのであれば、これで完成ですが、意図的にキャパシタンス素子のキャパシタンス変化を起こしたいときには、それぞれのキャパシタンス素子に制御信号を入れねばならなくなり、極めて複雑な回路となります。

ホップフィールドネットワーク：J. J. Hopfield and D. W. Tank, Computation of Decisions in Optimization Problems, Biol. Cybern. 52, 141, 1985. J. J. Hopfield and D. W. Tank, Science 233, 625, 1986.
セルラニューラルネットワーク：L. O. Chua, Cellular Neural Networks: Theory, IEEE Trans. Circuits Syst., 32, pp. 1257, 1988.

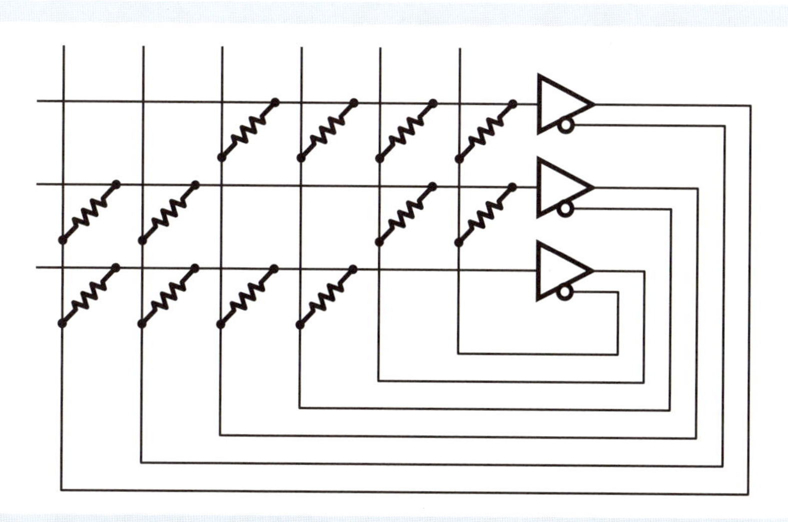

ニューロンとして正負論理出力バッファ、シナプスとして抵抗変化素子、
ネットワーク構造としてホップフィールドネットワークを用いたニューラルネットワーク

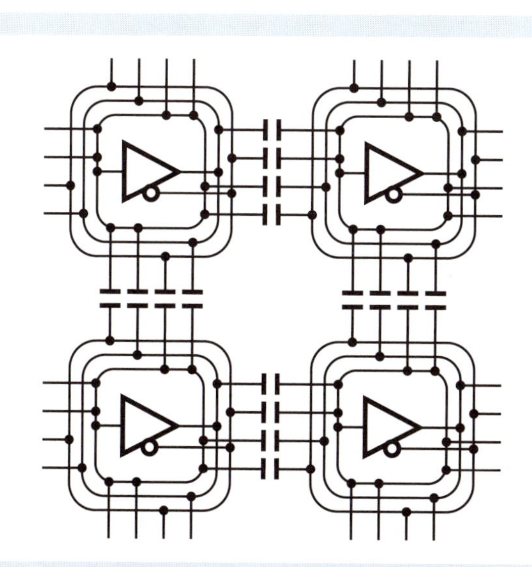

ニューロンとして正負論理出力バッファ、シナプスとしてキャパシタンス変化素子、
ネットワーク構造としてセルラニューラルネットワークを用いたニューラルネットワーク

4-7　スパイクニューロン

もともと生体の神経細胞がそうであったので、信号をパルス列で表す一連のニューラルネットワークの研究があります。生体の神経細胞ではこのパルス列をスパイクといいますので、パルス列を生成するニューロンをスパイクニューロンと呼びます。スパイクが発生している状態が発火の状態で、そうでない状態が静止の状態です。スパイクの平均発火率により、連続的なアナログ値で発火の強弱を表現するときもあります。

積分発火型スパイクニューロンは、スパイクのタイミングも考慮するモデルで、スパイクの入力があるごとに内部電位が上昇し、それが閾値を超えるとそのニューロンが発火してスパイクを生成する、というものです。学習規則としては、スパイクタイミング依存シナプス可塑性（STDP, Spike Timing-Dependent Plasticity）があり、入力されるスパイクと、発火したスパイクとの時間間隔に依存して、シナプスの結合強度が変化するものがあります。スパイクの前後関係に対して、結合強度の増減が、対称なものと非対称なものがあります。

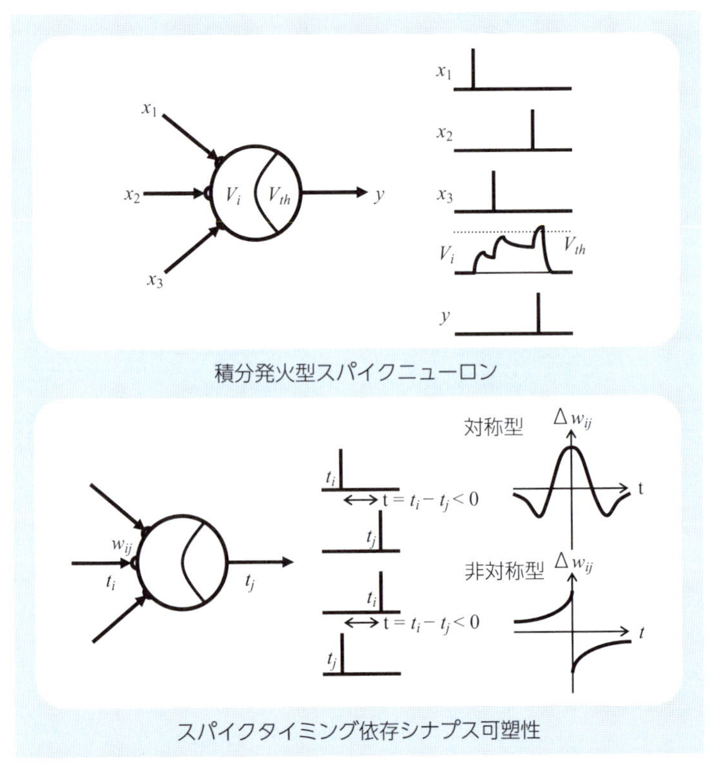

積分発火型スパイクニューロン

スパイクタイミング依存シナプス可塑性

4-8　カオスニューラルネットワーク

信号をパルス列で表すニューラルネットワークのなかに、カオスニューラルネットワークというものがあります。カオスとは、混沌・無秩序と訳されますが、サイエンスの世界では、まったくデタラメというわけではなく、一定の法則に従いながらも非周期的な現象のことを指します。

次図は、有名な、ロジスティック写像によるカオスです。$x_{n+1} = 4x_n(1 - x_n)$という簡単な式ながら、カオスが得られています。直観的には、初期値の下の桁をどんどん拡大しているようなイメージで、しばしば麺を打つときに半分に折りたたみながら伸ばしてゆくことにたとえられますが、そのため初期値のわずかな差が大きな差となって現れます。

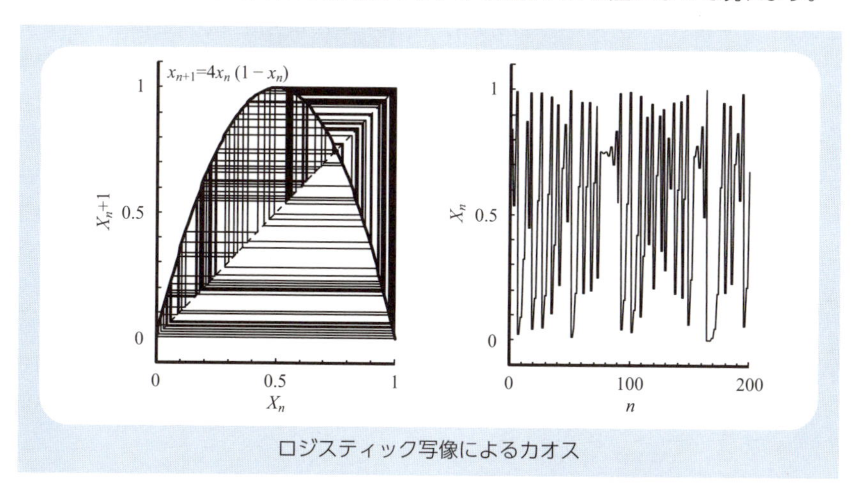

ロジスティック写像によるカオス

生体のニューラルネットワークでも、生成されるパルス列の時間間隔にカオスが発生していて、また、カオスニューラルネットワークは、電子回路でも作製することができます。カオスニューラルネットワークが持つ特長として、まず、さまざまなパルス列パターンを生成できることが挙げられます。また、逆に、現実にはひとつとして同じパターンにはなりません。さらに、ゆらぎを利用して、シミュレーテッドアニーリングのように、ローカルミニマムを回避できる可能性もあります。

生体のカオス：J. M. T. Thompson and H. B. Stewart, Nonlinear Dynamics and Chaos, John Wiley and Sons, Chichester, 1986.

カオスニューラルネットワーク：K. Aihara and G. Matsumoto, Forced Oscillations and Routes to Chaos in the Hodgkin-Huxley Axons and Squid Giant Axons, Chaos in Biologicall Systems, pp. 121, Plenum Press, 1987.

4－9　最新の開発状況

脳の神経回路を再現した半導体チップは、「ニューロモーフィックチップ(Neuromorphic Chip)」と呼ばれ、さまざまなところで研究開発が進んでいます。

スマートフォンの半導体チップなどで有名なQualcomm社では、「Zeroth Processor」というニューロモーフィックチップを開発しています。前述のスパイクニューロンを使っています。スマートフォンに組み込んで、物体の認識や情報の抽出に使おうと考えています。ベンチャー企業のTeraDeep社では、「nn-X」というチップを販売しています。ディープラーニングによる画像認識のチップです。アメリカ国防高等研究計画局(DARPA)の研究開発は2008年頃から行われていて、「SyNAPSE」というプロジェクトがあって、IBMや複数の大学が参加していて、既に多くの研究成果が出ています。IBMは、「True North」というチップに、100万個のニューロンと2億5600万個のシナプスを集積化しています。

九州工業大学では、脳型集積システムの研究が行われています。それを除けば、残念ながら日本では、人工知能のハードウェアの面からの研究開発は、現時点ではたいへん少ないようです。ソフトウェアとしての研究者はかなりいますので、アンバランスな感じを受けます。ただし、半導体や電子ディスプレイもそうでしたから、日本のモノづくり技術によれば、あっという間にキャッチアップできる可能性は、まだあると思います（そのあとアジア諸国にとられていってしまうのかどうかはさらにわかりませんが）。

現時点では、多数のチップを搭載して、ひとつの人工知能を作っていますが、これが1チップになれば、圧倒的に使いやすくなり、爆発的に普及するでしょう。前述の、小型ロボットへの搭載も可能となるでしょう。

Qualcomm, Zeroth Processor：Introducing Qualcomm Zeroth Processors: Brain-Inspired Computing, https://www.qualcomm.com/news/onq/2013/10/10/introducing-qualcomm-zeroth-processors-brain-inspired-computing.
TeraDeep, nn-X：http://www.teradeep.com/nnx.html
DARPA, SyNAPSE：http://www.artificialbrains.com/darpa-synapse-program
IBM, True North：Brain Power, http://www.ibm.com/smarterplanet/jp/ja/brainpower/
九州工業大学の脳型集積システム：http://www.brain.kyutech.ac.jp/~morie/

IBM の True North

ニューロン25 個
シナプス900 個

九州工業大学の脳型集積システム

5章 人工知能の未来

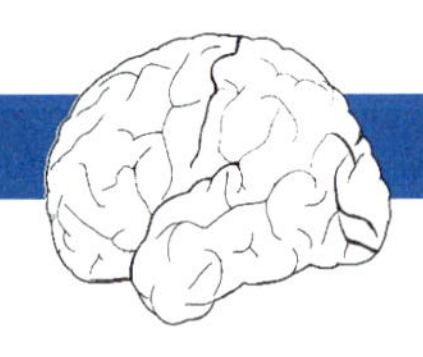

5-1　人工知能のメリットとデメリット

人工知能のメリットは、まずはとにかく、これまでのコンピュータではできなかったことが、できるようになることでしょう。すなわちそれは、文字認識・物体認識・顔認識といった画像認識であり、自然言語処理による会話・翻訳・要約であり、それらを総合的に組み合わせた自動運転などであります。実際に猫を認識するのですから、そういう回路は実在するわけですが、何もないところから、人間が作り出すのは、ほぼ不可能だと思われます。最終的には、人間の脳がもつ機能をすべて実現することを目指しています。脳は人間そのものですから、自分自身で自分自身を作り上げることができるでしょうか。何かを作るにはそれ以上の能力をもったものが必要かもしれません。そうしますと、人間がそれと同等のコンピュータを作り込むことは不可能で、そのためには自己学習能力を与えた人工知能にあとは任せるしかないのかもしれません。

次のメリットとして、機械学習として必要な機能を自ら獲得しますので、プログラミングの手間が省けます。これは一方でプログラマの雇用を失うことになりますが、後述のとおりすくなくともしばらくの間は問題ないでしょう。

機器の規模に関しては、これまでのコンピュータが必要な機能のために必要な規模を持てばよいのに対して、人工知能では、学習してみないことにはどれだけの規模のものが必要かわからないので、とにかくあらかじめ大規模なものとしておく必要があります。さらに、これまでのコンピュータのハードウェアのうえで動かす人工知能では、これまでと同じく、OS やプログラミング言語も必要となりますので、それらを動かすことも考慮して機器を準備しなければなりません。脳型集積システムではこれらは不要です。

動作速度については、これまでのコンピュータのうえで動かす人工知能では、順次動作のうえで大量の並列計算をすることになりますので、GPU などでの並列動作はあるものの、やはりそれなりに低速となるでしょう。一方、脳型集積システムでは、基本的なハードウェアのレベルから並列動作となりますので、非常に高速となるでしょう。OS やプログラミング言語のロードも不要ですので、立ち上がりもきわめて高速で、生物が目が覚めるように、すぐに動作を開始できます。

消費電力については、脳型集積システムでは、全体として同じ機能と同じ速度を保ちながらも、並列動作により個々の素子の動作の速度は落とせますので、低消費電力化が可能となると思われます。

ロバスト性については、人工知能的なアルゴリズムは、さまざまなノイズには強いですので、対ノイズ性としては高いですが、これまでのコンピュータのうえで動かす人工知能では、人工知能のソフトウェアとしてはロバストであっても、素子が故障するとOSやプログラミング言語が動かなくなってしまいます。一方で、脳型集積システムでは、生物と同じく、いくらかの素子が故障しても、全体としてはそれなりの機能を維持し、きわめてロバスト性は高いと言えます。

価格については、市場規模や量産装置にも関係しますのでなんともいえないところもありますが、おおよそ機器の規模に相関すると考えたらよいのではないでしょうか。

こうして星取表をつくると、脳型集積システムが圧倒的に有利に見えてしまいますが（人工知能は人工的に脳をつくるものですので直接にそうアプローチする脳型集積システムがポイントがよいのはあたりまえ）、最後の技術的難易度に大きな差があり、これが最大のネックでしょう。

	これまでのコンピュータ	人工知能 on これまでのコンピュータ	人工知能 on 脳型集積システム
機能	×プログラミングが可能な機能のみ	◎文字認識・物体認識・顔認識といった画像認識 自然言語処理による会話・翻訳・要約 総合的に組み合わせた自動運転 など 人間の脳がもつすべての機能	
プログラミング	×必要	○不要	
機器の規模	○必要な機能に必要な規模だけ	×あらかじめ大規模を用意	
	×プログラミング言語やOSが必要	×プログラミング言語やOSも必要	○不要
動作速度	○高速	×低速	◎非常に高速
	×立ち上がりは低速	×立ち上がりも低速	◎立ち上がりも高速
消費電力	×高消費電力	×高消費電力	◎低消費電力
ロバスト性	×低	△対ノイズ：高 対素子故障：低	◎高
技術難易度	◎易	○可	×難

人工知能のメリットとデメリット

5-2　人工知能と雇用

人工知能が社会にデビューしていくことで、人間の雇用が減るのではないかという懸念が、しばしば話題になります。

人工知能で文字認識や音声認識ができるようになると、手書き文字や音声から文章を起こしていた人の雇用がなくなりますが、まあこれはそれほど多くはいません。画像認識のひとつとして、医療画像診断は、レントゲン技師や医師の仕事の一部に置き換わるかもしれませんが、たとえばそうしたひとたちは、人工知能による医療画像診断の精度を上げるための人工知能の教師としての役割などにつけばよいでしょう。監視カメラも警備員の仕事の一部に置き換わりますが、異常事態が発生したときは人間の警備員が必要でしょう。会話ボットは、もともと人間の仕事ではありません。銀行受付・ホテルフロントなどの業務はすこし影響がありそうです。外国語翻訳も完全な人工知能が出てくれば、翻訳者の仕事をいささか奪いそうです。エキスパートシステムは、過去の判例や関連の資料などを自動的に検索して重要なものを取り出すようなものは、既に弁護士事務所などで使われていますが、それによって人間の弁護士の仕事が奪われているわけでなく、人間はそれらを用いたより高度な仕事に集中することができます。そのほかの、患者を診断するシステムや、科学分野で使われるものも、同様でしょう。

自動運転は、雇用への影響が大きそうな、人工知能の応用のひとつです。ただし、必ずしも悪い影響とは限りません。たとえば、飛行機は、かなり前から自動操縦できるようになっています。以前は、パイロットが直接に飛行機のハードウェアを操縦していたわけですが、今は、パイロットはある意味でプログラマになっています。仕事を奪われたのではなく、仕事の内容が変わったのです。自動操縦によりある程度の技量を積めばパイロットとして一人前といえるようになり、また自動操縦により離発着の効率化も進むでしょうから、全体としては便数が増加し、今やむしろパイロットは不足傾向で、雇用は増加していると言えるでしょう。

これを自動車に置き換えてみますと、自動運転が進めば、タクシードライバーは、確かに運転をするという仕事は失われるかもしれませんが、自動運転システムのプログラマになるのではないでしょうか。遠隔でもよいでしょうから、一人で複数台のタクシーの面倒を見ることもできるでしょう。タクシーの台数が増えて、それにともなって料金も安くなり、ただし運転手が増えているわけではないので、過当競争になっているわけではなく、だれもが気軽にタクシーに乗れる社会になるのではないでしょうか。自動車の台数が増えると、渋滞を気にするかたもいるかもしれませんが、渋滞の原因のかなりの部分は不規則なアクセルとブレーキの操作によるものであって、自動運転で適切な車間距離で適切なスピード制御がなされれば、いまよりかなり自動車の台数が増えても、渋滞にはならない可能性があります。

新しい技術が世の中に出るときは、なにかと心配事がささやかれるものですが、実際には問題になることは少ないと思っています。パソコンが出てきたときも、事務職員の仕事が減るのではないかというかたもいましたが、ご存じのようにむしろ増えています。携帯電話で公衆電話は減りましたが、それほど困るものではありません。新しい技術が出てくると何かは失われてゆきますが、あとから思えば忘れてしまうくらい問題にならないものも多いです。むしろ、たとえばスマートフォンが出てきたことによって、以前にはなかったたくさんのビジネスが生まれています。人工知能と雇用の問題も、そういった類の問題だと思っています。人工知能がこれまでの人間の雇用に置き換わることもあるでしょうけれども、むしろ新しいビジネスや産業を生み出して、全体としては雇用は増えてゆくのではないかと、楽観的に思っています。

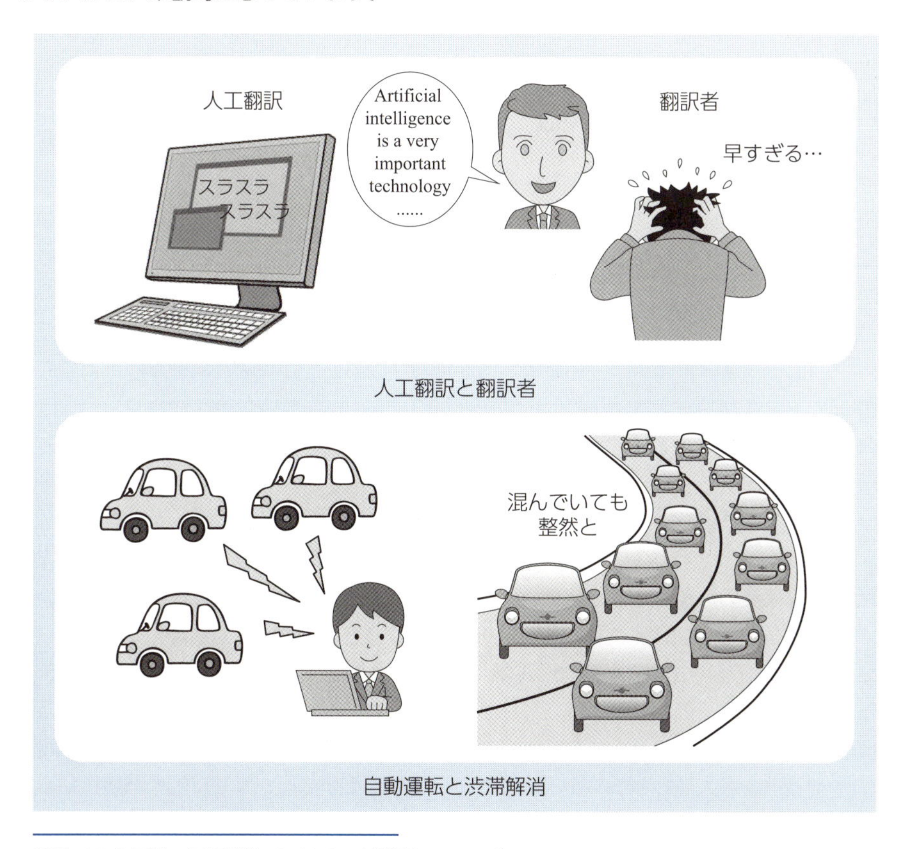

人工翻訳と翻訳者

自動運転と渋滞解消

渋滞：西成 活裕、図解雑学 よくわかる渋滞学、ナツメ社

5-3　シンギュラリティ（技術的特異点）
－2045年問題－

数学者のヴァーナー・ヴィンジ（Vernor Steffen Vinge）と発明家のレイ・カーツワイル（Ray Kurzweil）により示された、人工知能が人間を超える時間的「点」のことです。集積回路のトランジスタ数（＝性能）が18ヶ月ごとに2倍になるとした経験則の「ムーアの法則」を科学技術全体に適用したものです。それによれば、2045年に、人工知能は人間の知能を超えるとしています。それ以後は、科学技術の発展は人工知能によってなされるため、人間は不要になるという予想です。人工知能が自ら人工知能を発達させるため、とどまるところない発展となるという意味で、特異点と呼ばれています。前述の遺伝的アルゴリズムがパラメータを進化させることに対応するのに対して、アルゴリズムそのものを進化させることになるのがシンギュラリティでしょう。2014年の映画「トランセンデンス」は、このシンギュラリティを扱ったストーリーです。

シンギュラリティに関しては、いくつかのとらえかたがあると思われます。まずは、実際には、人工知能は人間の知能を超えることはない、とする考え方です。創造性・感性・感情・美的感覚などは、人工知能では生まれない、ということです。今まではこれらの機能を持った人工知能は生まれてきていませんが、生命が分子機械であるという理工的な立場からすると、人工知能がこれらの機能をもつ可能性を、否定することは難しいと思われます。

次は、人工知能の能力は人間を超えるのだけれども、やはり主人は人間だという考え方です。パワーショベルは手よりも重いものを持ち上げることができ、自動車は足よりも早く移動できますが、使っているのは人間で、パワーショベルや自動車は使われているほうです。頭脳についてもこのことがいえるでしょうか。ドラマ「謎解きはディナーのあとで」で櫻井翔が演じる影山は、北川景子が演じる宝生麗子よりも聡明ですが、宝生麗子が主人で、影山は執事です。人工知能はこういった関係になるでしょうか。

パワーショベルは手の機能の延長で、自動車は足の機能の延長で、コンピュータは人間の持つ計算機能の延長でしょう。そういった意味で、人工知能は脳の機能の延長です。どれも性能として勝っていますが、人間のもっていない機能を創出しているわけではありません。カールルイス（古い！）やそろばん名人のような突出した能力をもつ人間がいますが、人工知能はあくまでそのような突出した能力をもつものの傑出した例、すなわち、超カールルイスやウルトラそろばん名人、みたいなものになるのかもしれません。カールルイスやそろばん名人はもちろんすごい方たちですが、だからといって支配者階級になるわけではありません。人工知能もこのようなものになるかもしれません。なお、著者は、この考え方を支持します。

最後がいちばん（人間にとって）悲劇的です。人間を超えた人工知能が人間を滅ぼします。古いところでは、ターミネーターのスカイネットがそうですね。滅ぼすほどのモチベーションはないかもしれませんので、人工知能が地球の生命（?）の最高位に就くわけです。トランセンデンスは、エンディングは微妙ですが、少なくともそういった世界を具体的にあつかっています。

実際にどうなるかは、2045年になってみないとわからないかもしれません。ただ、すくなくともしばらくの間は、人工知能が人間にとって有用なことは明らかで、企業間、国家間、あるいは個人間での競争を勝ち抜くために、人工知能の研究開発を止めるわけにはいかないと思います。シンギュラリティについて、あらかじめ考えておくことは悪くないですが、それに向けて人工知能の研究開発を進めるべきか抑えるべきかの議論は、いまはまだ時期尚早で、もうすこし人工知能が実現され、よくわかってからでよいのではないでしょうか。

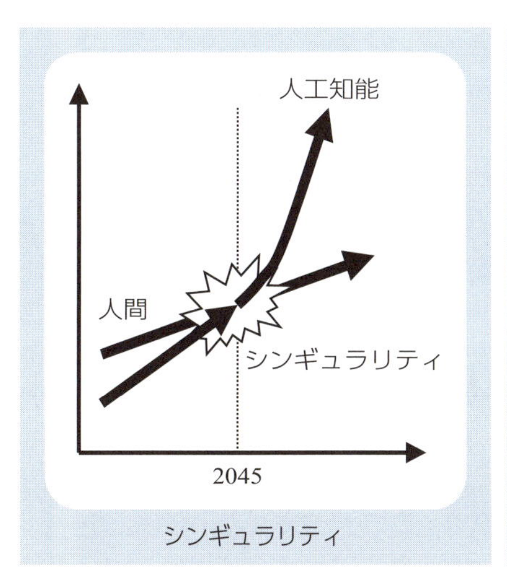

シンギュラリティ

人工知能は人間の頭脳の拡張にすぎない？

5-4 クオリアと感情

クオリアとは、デジタル大辞泉によれば、「感覚的・主観的な経験にもとづく独特の質感」とあります。具体的には、リンゴの赤い色、ギターの美しい音色、コーヒーの香ばしい香り、せっけんのヌルヌルした触感、虫歯のズキズキする痛み、感情的なものですと、遠足前日のワクワクする感じ、のようなものです。ただし、専門的にはもっと深い意味を持ちます。

人間が感覚器で受け取った刺激は、また、内部的にわきおこった感情のようなものもそうですが、神経細胞の電気信号となります。これは、あなたととなりの誰かと、同じでしょうか。たとえば、同じ電気信号で脳の同じ場所を刺激したとして、あなたは赤に感じるけれども、となりの誰かは青に感じるかもしれない、ということです。脳細胞がまったく同じ構造ならば、同じ色に見えるはずですが、脳細胞は学習によって変化しますので、別の色に見える可能性があります。違う例を挙げますと、人間以外の生物は、紫外線や赤外線を見ることのできるものが、けっこうな種類いるようです。彼らには、世界はどのように見えているのでしょうか。紫外線や赤外線は、どのような色として感じられるのでしょうか。

さらに発展して、あったかい感じ、とか、すがすがしい感じ、ドキドキする感じ、といった、気持ち的な感じもあります。このような「感じ」を基本要素として、喜怒哀楽あるいはさらに複雑な感情が生まれてくるのだろうと思っています。

人工知能は、クオリアを持つのでしょうか。人工知能がクオリアを持つことができれば、感情まで持つことができそうです。ただし、いちばんの問題は、人工知能がクオリアあるいは感情を持っているかどうか、外からはわからないことです。楽しい、おいしい、気持ちいい、などの言葉を発することはできるでしょうけれども、そう感じているかを判断するのはどうしたらよいのでしょうか。まあ、あなたのとなりの人が感情を持っているかどうかも、確かめることはできないわけですが、同じ人間ですので、同じような感情を持っていると判断するのが客観的でしょう。人間とは違う構造を持つ人工知能が、人間と同じようなクオリアを持つかどうかは、いつまでたってもわからないことかもしれません。

クオリア：V·S·ラマチャンドラン、脳のなかの幽霊、角川文庫、2011、クリストフ・コッホ、土谷尚嗣、意識をめぐる冒険、岩波書店、2014

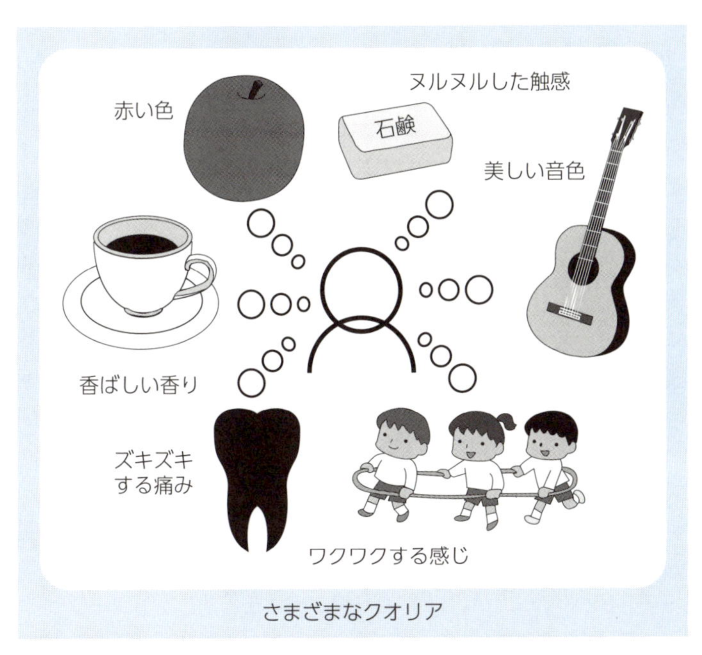

さまざまなクオリア

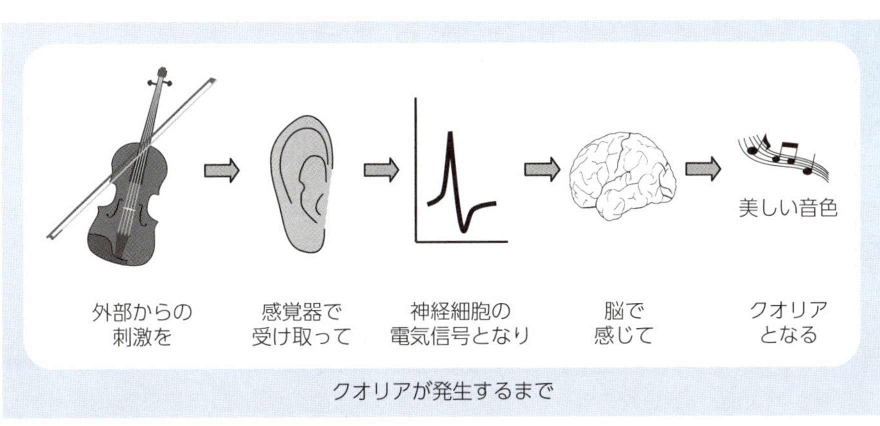

クオリアが発生するまで

5－5　こころと意識

クオリアや感情の延長線上に、「こころ」や「意識」があります。人間はだれしもこころや意識を持っていると思われます。(こころないひともこころは持っているでしょう)こころと意識は微妙にニュアンスが違うかもしれません。さまざまな感情が組み合わさった全体がこころで、それをさらに高みから見ているようなものが意識かもしれません。こころや意識はどこにどのように生じているのでしょうか。ここでは特に両方を代表して、意識について考えてみます。

不幸にして事故などで手足をなくしてしまったかたや、内臓を損傷してしまったかたも、その人の意識は連続しています。これは間違いないでしょう。外科手術の技術が進んで、ブラックジャックの漫画にあるように、脳だけ入れ替えたら、その人は、もとの体のほうでしょうか、もとの脳のほうでしょうか。たぶん脳のほうだと思います。ということは、どうやら意識は脳に存在するようです。では脳の何に意識は起因するのでしょうか。材料でしょうか、構造でしょうか、機能でしょうか。分子レベルのタンパク質に意識があるとは思えませんので、構造とそれにともなう機能でしょう。

映画「スタートレック」に、転送という技術が出てきます。エンタープライズ号の転送室で、人間にしろそのほかの物体にしろ、その分子だったかさらにそれを構成する原子や陽子・中性子・電子などの位置をすべて検出し、一瞬にして分解して、ビームにして送って、転送先の惑星のうえで、まったく同じ構造のものを作ります。この場合は、転送前と転送後で、意識は同じものでしょうか。このようなカット＆ペーストならまだ解釈がつきますが、コピー＆ペーストで、転送室と惑星の上に、両方にスポックが存在してしまったらどうでしょう。物理学では、陽子・中性子・電子といった量子はすべて区別がつかない同じものなので、転送前と転送後でまったく同じものができあがります。まったく同じものなので、話しかけてもまったく同じ反応で、外からは見分けがつきません。

連続しているものがひとつの意識だとするなら、上記の転送は、いったんばらばらになった、あるいは新しく組み立てたものは、別の意識となって、論理的な不自然さは解決されます。ただ、しばらく気を失っていたあとに、「意識をとりもどした」といいますが、この場合はいったん意識を失っていたので、意識と言う観点からは、別の人間になってしまっているのでしょうか。少々ブラックユーモアですね。

人工知能の話に戻ると、トランセンデンスでは、死の際にあったウィルの頭脳が人工知能にアップロードされます。これはウィルの意識でしょうか。もしそうならば、人工知能は人間の一形態です。今の人間は、母体のなかで次の世代が生まれます。生命の定義あるいは目的のひとつは、自己の増殖であろうと思われますので、これは必須なことでしょう。ただ、次の世代を工場でつくっても、自己の増殖という定義に当てはまるかもしれません。

そうしますと、人間の進化の次の過程が、人工知能ということになります。こういった考えが、シンギュラリティの問題を解決するのか、より深刻な問題を提起することになるのか、さらなる議論が必要でしょう。

転送技術

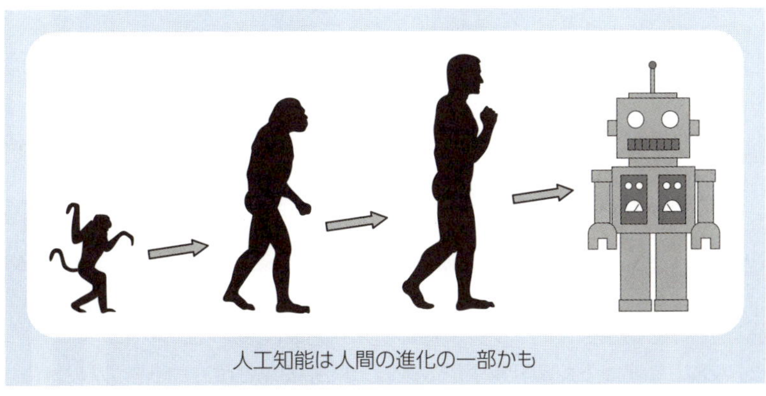
人工知能は人間の進化の一部かも

まとめ

さまざまな材料技術・エレクトロニクス技術・化学技術・バイオ技術・医療技術などの最新技術は、理論的にわからないままであっても、効果が確実であれば、まずは応用され、使っているうちに、いろいろなことがわかってきました。いっぽうで、ソフトウェアに関しては、我々が一から作っていくものですから、従来のソフトウェアでは通常は動作が完全に把握され、そのうえでさまざまなものに搭載されてきました。しかしながら、人工知能やニューラルネットワークというものは、ソフトウェアで実現する場合であっても、個々の動作は完全に把握されますが、それらが多数集まっての全体の動作はいまだハッキリしない点が多くあります。これが、ソフトウェアは動作が完全に理解できてから搭載すべき、というこれまでの方針と合わないため、なかなか実際に搭載されるのがかなわなかった理由かもしれません。我々は、脳の原理は完全にはわかっていませんが、脳をかなり使いこなしています。人工知能やニューラルネットワークも、完全にはわからなくとも、これからはどんどん使いこなしてゆけばよいのではないでしょうか。

現在は、ディープラーニングがたいへんな注目を集めています。しかしながら、ディープラーニングは生体の神経回路とは違います。人間の脳のなかでは、もちろんシナプスの結合強度は可変ですが、ディープラーニングのようにネットワークの入れ子構造を段階的につくってゆくほどのダイナミックさはありません。それでも、画像認識など、人間の脳はディープラーニング以上の能力を持っています。たとえば、人間は、何度か聴いたことのある音楽は、(よほどの音痴のかたでもないかぎり) それなりには歌えます。ただし、それを音符で書ける人はプロ以外にはいないでしょう。人工知能も聴いた歌を歌えるようにできると思いますが、データとして記憶するので同時に音符も書けるようになるでしょう。すなわち、人間のやり方と今の人工知能のやり方は、まだまだ違っているということです。ということは、まだまだ生体の脳に学んで、人工知能を研究開発してゆく余地は、大きく残っていることになります。

トゥモローランドのアテナ、ゴミ処理ロボットのウォーリー、スターウォーズのR2-D2やC-3PO、ナイトライダーのキット、また一見クールだけれども実は人間的なエイリアンのビショップ、あるいはドラえもんなど、人工知能を人間的なものとして好意的に描いたものもあれば、アベンジャーズの人工知能、iRobot、マトリックス、ターミネーターのスカイネット、2001年宇宙の旅のHAL9000など敵対的なものなど (これもまた人間的ですが)、名作に現れる人工知能はおおよそ二分しています。いっぽうで、現在の実際の人工知能は、よいところしか見つかりません。たとえば原子力をみればわかるように、科学技術が正しい方向に向かうかどうかは常にチェックしなければなりませんが、それは社会の責務であって、科学技術の発展そのものは止めてはなりません。

本書を執筆して、人間の脳はあらためてすごいと思われました。しかしながら、現在、それを模倣あるいはある特定の分野においてはそれを超える人工知能が実現できるところまで来ていることも、実感できました。一方で、上記のとおり、またまだやるべきことも残っています。少なくともしばらくは、シンギュラリティを恐れずに、どんどん人工知能の研究開発が進んでゆくことを期待します。

索　引

◆ た行 ◆

◆ な行 ◆

◆ は行 ◆

◆ ま行 ◆

◆ や行 ◆

◆ ら行 ◆

―― 著　者　略　歴 ――

木村　睦（きむら　むつみ）

1989年　京都大学 工学部 物理工学科 卒業
1991年　京都大学 大学院 工学研究科 物理工学専攻 修士課程修了
1991年　松下電器産業株式会社 入社
1995年　セイコーエプソン株式会社 入社
2001年　東京農工大学 博士（工学）取得
2003年　龍谷大学 理工学部 電子情報学科 講師
2005年　龍谷大学 理工学部 電子情報学科 助教授 のちに准教授
2008年　龍谷大学 理工学部 電子情報学科 教授 現在に至る
2014年　北陸先端科学技術大学院大学 教育連携客員教授
2016年　Texas A&M University, Visiting Lecturer

搭載!!　人工知能

2016年 5月10日　　第1版第1刷発行

著　者　木村　睦（きむら　むつみ）
発行者　田中久米四郎

発行所
株式会社　電気書院
ホームページ　www.denkishoin.co.jp
（振替口座　00190-5-18837）
〒101-0051　東京都千代田区神田神保町1-3ミヤタビル2F
電話(03)5259-9160／FAX(03)5259-9162

印刷　亜細亜印刷株式会社
Printed in Japan／ISBN978-4-485-30099-2

• 落丁・乱丁の際は，送料弊社負担にてお取り替えいたします．
• 正誤のお問合せにつきましては，書名・版刷を明記の上，編集部宛に郵送・FAX（03-5259-9162）いただくか，当社ホームページの「お問い合わせ」をご利用ください．電話での質問はお受けできません．また，正誤以外の詳細な解説・受験指導は行っておりません．